国家出版基金项目
NATIONAL PUBLICATION FOUNDATION

黄宏伟 等 著

地下工程动态反馈与控制

同济大学出版社

内 容 提 要

本书主要以岩石和土体介质中的地下工程为对象,对现场工程监测数据进行分析与处理,详细论述了增量反馈、时效反馈、不确定性反馈、非线性反馈、智能反馈等方法的基本原理及其工程应用,使得根据工程监测数据进行工程性态预报及动态反馈成为可能,并以此为基础对地下工程作出正确的控制与决策。

本书主要读者对象是涉及地下工程的设计、施工、监测等单位的管理与工程技术人员,以及高等院校土木工程专业的师生;也可作为高等院校土木工程专业高年级本科生、研究生的专业课教材。

图书在版编目(CIP)数据

地下工程动态反馈与控制/黄宏伟等著. --上海:同济
大学出版社,2012.11
ISBN 978 - 7 - 5608 - 4993 - 5

Ⅰ.①地… Ⅱ.①黄… Ⅲ.①地下工程－反馈控制－
动态分析 Ⅳ.①TU94

中国版本图书馆 CIP 数据核字(2012)第 236973 号

地下工程动态反馈与控制
黄宏伟 等著

责任编辑 杨宁霞 高晓辉 责任校对 徐春莲 装帧设计 陈益平

出版发行	同济大学出版社 www.tongjipress.com.cn	
	(地址:上海市四平路 1239 号 邮编:200092 电话:021-65985622)	
经 销	全国各地新华书店	
印 刷	苏州望电印刷有限公司	
开 本	787mm×1092mm 1/16	
印 张	13.75	
印 数	1—5100	
字 数	343 200	
版 次	2012 年 12 月第 1 版 2012 年 12 月第 1 次印刷	
书 号	ISBN 978 - 7 - 5608 - 4993 - 5	
定 价	58.00 元	

前　言

由于全球气候变暖、能源环境问题以及人口向城市的不断迁移,21 世纪已经成为地下空间与地下工程的世纪。各种城市轨道交通的地下隧道、城市地下空间、城市人防工程、山区高速公路隧道、矿山巷道、水利水电、核废料的地下储存、CO_2 的地下储存等都涉及地下工程。因为地下工程是修建在复杂不确定性的土体或岩体中的,且其周围往往有敏感性的各类建(构)筑物,有些还是隐蔽性工程,因此在地下工程修建中,大型灾害事故时有发生,在社会上引起很大的负面影响。近几十年来,国内外已发生的此类灾害事故不胜枚举,如 1994 年 9 月上海昌都大厦基坑开挖塌方事故,2003 年 7 月上海地铁 4 号线联络通道建设中的事故,2004 年广州地铁发生的塌方事故,2004 年 4 月新加坡地铁工作井施工塌方事故,2008 年 11 月杭州地铁建设中的地铁车站开挖导致周边塌方事故,2009 年 3 月德国科隆的隧道倒塌事故等。这些触目惊心的灾害事故使我们深刻认识到在地下工程建设中面临的巨大挑战,急需要一种类似代替人工眼睛一样的监测来帮助决策者了解和掌握地下工程的特性。这就需要以现场监控为基础,对在敏感环境、复杂地层条件下施工的地下工程,以及超常规大型地下结构等进行力学和变形的性态分析,适时地掌控地层和结构的特性,反馈施工参数及程序,对其进行力学变形性态的控制,确保地下工程建设的安全和可靠。

通常,每个地下工程都需要进行现场监控量测,通过监控量测取得许多监测数据,然而如何才能更有效地利用这些数据为业主和施工单位快速地作出科学的工程决策呢?本书介绍的方法原理和技术可以使我们通过监测数据来对地下工程的稳定性进行评价与快速预测,进而作出正确的工程控制和决策,有效地减少因盲目施工而导致的工程灾害。

本书的内容针对岩石和土体介质中的地下工程。首先介绍了地下工程实施动态反馈与控制的必要性、反分析方法的发展及信息化施工技术的进展(第 1 章);采用数学和工程方法分析现场监测数据,提出了数据挖掘的分析和预测方法(第 2 章);结合工程动态施工和监测,提出了增量反馈法,动态反馈了相关地层变形参数(第 3 章);结合地层介质的时效性,建立了时效反馈方法,为地下工程的时效性预测提供科学方法(第 4 章);由于地层介质和施工方法的随机不确定性,考虑到量测数据的不确定性,提出了不确定性反馈方法(第5章);在反馈分析中,针对地层介质和隧道结构的非线性性态,提出了非线性系统的动态反馈方法(第6章);由于地下工程的复杂性,其不确定因素较多,经验在工程决策中占有很大比重,为了能够把经验反映到工程决策中去,提出了智能反馈方法(第7章);最后结合具体工程案例,包括软土盾构施工、深基坑开挖、软土顶管施工及岩石隧道施工等,从地层、地下工程结构以及施工参数上对地下工程施工进行控制(第8章)。本书介绍的这些研究成果是在我课题组已经完成的两项国家自然科学基金、首批教育部新世纪优秀人才计划项目、首批上海曙光计划项目以及多项工程实践咨询项目等基金类、人才类和咨询类项目资助基础上,经过二十多年的科学研究,并通过9年的博士研究生教学实践中取得的,是我们长期的科研和教学成果的总结。书中的部分成果已经获得1999年建设部一等奖、2004年上海市决策咨询一等奖、2008年国家科技进步二等奖、2008年上海市科技进步二等奖。同时本书部份成果也得到了"国家重点基础研究发展计划(2011CB013800)"及"长江学者和创新团队发展计划(IRT1029)"的资助。

另外,我们通过大量的工程实践和研究,对书中内容已经做过多次修正与补充,其中引用的通过大量的工程实例进行的分析与计算成果,也已经在教学实践中反复运用。

本书初稿由我课题组博士后王国欣博士整理而成,素材取自于我先前指导的魏磊硕士、张冬梅硕士、熊祚森博士的学位论文及我主持完成的多个课题研究报告。智能反馈一章内容由高玮博士提供初稿。全书最后由本人统一整理、核定。

需要说明的是,本书初稿完成比较早,由于各种原因一直未能出版。在同事、好友及同济大学出版社编辑的多次督促和帮助支持下,2012年终于完成。但仍感力不从心,书中难免出现差错之处,诚望读者批评指正。

本书可供涉及地下工程的设计、施工、监测等单位的管理与工程技术人员,以及高等院校土木工程专业的师生阅读参考;也可作为高等院校土木工程专业高年级本科生、研究生的专业课教材,相关专业的科研和技术人员也可参考使用。

黄宏伟

2012年12月

目　录

第1章 绪　　论

　　地下工程是修建地下空间的工程,它包括在地下岩石和土体中开挖的各种隧道、通道、洞室及各类地下室。由于它具有不确定性及复杂性的特点,人们就需要运用一定的科学方法和手段来确保它在实施过程中的安全及可靠。本章简要论述地下工程实施动态反馈的必要性、反分析方法及信息化施工技术的进展。

1.1 地下工程实施动态反馈的必要性

随着城市化进程的不断加快,城市人口密度日益增长,地下空间资源的开发和利用已成为人类解决城市用地不足、交通拥挤、环境污染等难题的一条重要途径。地下工程是实现地下空间的开发和利用的工程,包括在地下岩石和土体中开挖的各种隧道与洞室,是一门综合性的科学技术。地下工程的主要内容包括完成地下建筑所实行的规划、设计和施工。任何在岩石或土层中进行的地下工程施工,工序上都包括了挖掘、支护和设备安装等内容。地下工程施工方法根据地层不同分为土层中施工和岩石中施工两种,在土层中施工主要采用明挖法(放坡、支护、降水)、盖挖法、逆作法、浅埋暗挖法、沉箱、沉井、沉管法、盾构法、顶管法(大口径与微型顶管),而在岩石中施工主要采用钻爆法、新奥法、隧道掘进机法(TBM法)等。随着地下工程施工中新理论、新技术、新方法、新材料和各种先进施工机具的不断涌现,地下工程施工技术在不断改进和完善,而这些新的技术和方法更加依赖于施工的信息化。

不难想象,地下工程面临有多种不确定性和不确知性,粗略介绍如下。

(1) 工程赋存地层条件本身的不确定性。其主要是因地下工程周围的水文地质环境,如岩石、土体和水文由于其赋存的条件和形成过程具有天然的复杂性、不确定性和不确知性。

(2) 施工环境、条件、方法和设备异常复杂。越来越多的大型、特大型地下空间需要施工,越来越近间距的各类地下工程需要修建,环境要求也越来越高,施工日益受到人们的高度关注和重视,因而需要采用相适应的多种施工工法和设备;外部客观不定的因素影响,如气候、降雨等复杂性。

(3) 由于工程所处周围岩土介质的特殊复杂性以及介质与地下结构本身的相互作用,使得地下工程的设计在其物理力学模型、力学计算参数、边界条件、共同作用的考虑等方面也带有一定的不确定和不确知性,有的根本无法准确模拟。正因为如此,人们往往不得不借助于带有某些主观臆断的经验方法。随着工程监控量测技术的发展,人们发现可以通过监控量测对这种复杂不确定的对象予以控制。国际隧道协会的创立者和荣誉终身主席、著名的隧道工程师 Sir Alan Muir Wood 曾说"uncertainty is a feature that is unavoidable in tunneling. but it can be understood and controlled so that it does not cause damaging risk."通过现场监控量测,可以了解施工过程中周围岩土体及结构体的变形及应力的变化,从而对地下工程的稳定性作出预测和判断,并反馈于下一施工循环的设计和施工,以确定是否要及时或通过下一循环施工来修改初始的设计参数或者施工参数及方案,如此循环方能确保施工中的安全性和设计的科学合理性。这就是土木工程中广为采用的信息化施工的概念,也即国际土力学与基础工程学会前主席、著名的 Ralph B. Peck 教授提出的观测法(the observational method)。Peck 教授创立了地下工程观测法,认为"nothing is better practice than

predicting and verifying how the subsurface materials will behave, and adjusting the design and construction procedures on the basis of the observations as a project proceeds. "因此地下工程的设计要不断地根据监测和开挖的地质情况调整设计。这是一个动态的设计。地下工程的施工是一个不断依赖监控量测来掌控和预报前方地层和支护结构变化,进而变更施工参数和方案,通过对地下工程结构本身以及周围介质进行控制,而不断确保施工过程安全的施工。同上部结构工程相比,有的国际专家称地下工程是没有最终设计的(no final design)。

这里需要提出的是,在地下工程设计施工中,对这一特殊的不同于地上工程的施工方法,国内外普遍采用的术语有反分析方法、反演方法、动态反馈法、信息化设计和施工法、观测法、情报法(日本)等。本书不去讨论哪种术语更为合适,只是为了更能体现地下工程的动态性,故采用动态反馈法,但同时为尊重传统的做法,反分析法、反演方法和信息化施工等词语也会偶尔提到。

另外,还需要指出,本书主要针对地下工程在敏感环境、复杂地层条件下的施工,以及超常规大型地下工程的施工等,其中涉及城市各类地下工程、交通运输隧道等工程领域。

1.2 反分析方法的发展

根据王芝银等(1998)《岩石力学位移反演分析回顾及进展》的文献,反分析方法的发展主要经历了如下的历程。

20 世纪 70 年代初,人们开始注意由现场量测信息确定各类计算参数的研究。Kavanagh 和 Clough 在 1972 年发表反演弹性固体的弹性模量的有限元法,在 1976 年约翰尼斯堡(Johannesburg)的岩土工程勘测研讨会上,Kirsten 提出了量测变形反分析法,1977 年 G. Maier 提出了岩石力学中的模型辨识问题。

20 世纪 80 年代为直接和间接反分析方法研究的重要时期。1980 年,Gioda 提出采用单纯形等优化方法求解岩体的弹性及弹塑性力学参数,并讨论了不同优化方法在岩土工程反分析中的适用性;1981 年,Gioda 等人利用实测位移反算作用在柔性挡土结构上的土压力;1983 年,Arai 采用二次梯度法求解弹性模量 E 和泊松比 μ 的方法;1977 年,Kovari 提出了反算地层压力参数的方法;1983 年,Sakurai 提出了反算隧洞围岩地应力及岩体弹性模量的逆解法;1981 年,中国科学院地质研究所杨志法教授等提出了另一种位移反分析方法——图谱法,利用事先建立的图谱反演围岩地应力分量及弹性模量。

随着岩体工程的发展,国内外众多研究者采用不同的方法对反分析法及其应用作了大量研究。他们考虑到初始地应力由构造应力及自重应力组成,进行线性和非线性位移反分析,利用少量实测位移由拉格朗日插值法反算黏弹性地层初始地应力或在应力空间及应变空间用边界元法进行弹塑性位移反分析。

在考虑时间相关性、空间效应、消除量测前丢失位移等的影响,刘怀恒(1988)在《地下工程位移反分析——原理、应用及发展》一文中针对 5 种常用流变模型(Maxwel 模型、Kelvin Poyting - Thomson 模型、广义 Kelvin 模型及 Burgers 模型等)进行了有限元法和边界元法位移反分析的系统研究,提出了逆解回归法和逆解优化法,朱维申等(1989)在《考虑时空效应的地下洞室变形观测及反分析》一文中则考虑时空效应对 3 个地下巷道或隧道进行了反演分析;利用空间效应及围岩与支护相互作用的增量位移直接反算支护荷载和初始地应力,虽避开了许多未知因素的影响,但在反算地应力时需要已知较可靠的空间效应影响系数;弹塑性问题的反分析研究多采用了优化技术,如黄金分割法、单纯形法、变量替换法、Powell 法和 Rosenbrok 法等,而围岩黏弹塑性位移反分析,则采用了逆解法与优化法相耦合的方法。对于浅埋地下巷道或隧道,围岩的初始地应力不再是均匀分布。不少文献对初始地应力或边界分布荷载的线性或函数分布形式进行了反演分析的研究。王芝银等(1993)在《地下工程位移反分析法及程序》一书中把这些成果应用于黏弹性及弹塑性反分析中。在平面位移反分析的发展过程中,三维反演反分析同样受到人们的重视,有考虑隧道衬砌所进行的三维弹性反分析,有弹性、黏弹性地层初始地应力及力学参数反演计算的有限元法和边界元法,也有空间轴对称蠕变位移反分析的研究。对非均质岩体(多介质材料)的反演分析也有不少研究报导。考虑量测位移及参数先验信息的随机性和不确定性,Bayesian 法、最大似然法等数学方法被用于反演岩体的力学特性参数。

在二维和三维的弹性、弹塑性、黏弹性及黏弹塑性的反演计算和初始地应力的均匀分布、线性分布、函数分布以及均质、非均质材料的反分析等方面取得显著进展的同时,位移反分析法在许多岩体工程中得到成功应用,如利用大坝观测资料反算坝体的渗透系数,将反分析法用于确定地基土的土性参数和地下巷道与隧道围岩地应力及力学参数,求解引水隧道围岩地应力和部分力学参数及立井变形参数等。在有关量测误差的处理、测点布置方式的优化及有关实用问题(如同时利用量测位移与量测荷载、量测位移中既有相对值又有绝对值的处理及考虑可缩性支架刚体位移影响的反分析等)上也有不少的成果。

反分析的目的不仅仅在于对工程范围内岩体初始地应力和力学特性参数的估计,更重要的是同现场监控技术及工程稳定性分析相结合,对工程的可靠度作出合理的评价和符合实际的预测,并对施工中的工程进行支护参数和方案的反馈设计等,使数值解答能有效地用于工程决策。

自从 S. Sakurai(1983)提出一种现场量测辅助设计技术(即用现场量测位移反算岩体弹性模量和初始地应力,然后应用这些参数进行正分析或设计初次支护的参数)之后,国内外不少研究者注意到了反分析结果的应用问题。从围岩、支护的弹性、弹塑性变形预测,到利用考虑时空效应的流变反分析结果进行黏弹性、黏弹塑性分析,预测围岩或支护后期变形及安全度,对工程给出事先的预测。事实上,复杂的岩体工程问题本身具有许多不确定的未知因素,将其视为灰色系统,将反分析看作是一种灰色逆过程,则可以用灰色系统理论,通过灰色动态模型或灰色预测模型预测未来的位移,并由所预测的位移进行位移反分析后,再利用正分析对围岩或支护的安全度作出超前预测。刘怀恒(1988)以此为基础,提出了一种监测、分析及预报的系统,其实质是在现场监测过程中,建立动态反演与预测模型,利用已获取的量测数据反演参数,及时进行预测。当预测值与后继量测位移发生偏差时,利用新数据修改反演模型,以获取新的参数继续预测,这样不断反演,与预测形成动态反演建模预测法。

在数值位移反分析法的发展过程中,解析位移反分析法也有了长足的进展。其中,圆形洞室围岩弹性及黏弹性位移反分析解答是研究的重点,非圆形洞室的位移反分析主要是采用复变函数方法获取解答。但这些研究只适于求解线弹性和线黏弹性、无支护隧洞问题,无法考虑工程因素和边界较复杂、非均匀地应力、非均质和非线性问题。

20世纪90年代以来,运用系统论、信息论以及模型识别技术,对岩土介质系统物理本构关系的反演建模、模型可信度分析,模型鉴别、检验理论和逆问题统一理论的建立等也有不少研究。袁勇,孙钧(1993)以系统辨识理论和连续介质力学原理为根据,较系统地阐述了岩土介质系统逆问题的建模、参数优化辨识及目标函数构造的原则和方法,进一步完善了概率反分析、Bayesian反分析、最大似然反分析等理论。基于信息论的观点,综合考虑被反演参数的观测信息、理论预测信息和经验性信息,给出关于被反演参数的更高信息含量的信息表达。这种表达为"后验信息量[未知信息量]=先验信息量+观测信息量+理论信息量"。在这个理论基础上,刘维宁(1993)研究了认识系统参数后验信息的技术途径及反分析结果的唯一性和稳定性问题。黄宏伟,孙钧(1994)则基于Bayesian原理,考虑荷载、变形的不确定性及参数的先验信息,认为"量测值=确定性趋势项+随机项",以随机过程理论为基础,提出了广义参数反分析法。这种方法可推广到现有的几种不确定性反分析上去,如Bayesian反分析、最大似然反分析等。除随机反分析外,非确定性反分析还有模糊反分析、扩张卡尔曼滤器有限元反演法及神经网络反分析法等。总之,这些研究考虑了岩体工程中量测信息的随机性、模糊性和现场量测环境的复杂性,较全面地描述了反分析法的实质和解释了反分析应用中的一些现象,这些方法既归属于不确定性反分析法,又包含了确定性反分析,为逆问题的模型辨识,形成统一的反演理论,解决反分析问题中的一些理论问题,奠定了一定的理论基础。

近期的研究更多地注重反分析的拓宽与应用研究。如应用优化法中的牛顿法反算三维渗透性的分布;对某地下污水处理厂的围岩参数进行三维反分析,得出与现场量测十分吻合的结果;基于地质调查和极限平衡理论,对某露天矿岩(煤)层弯曲变形与破坏模式的反分析,探讨岩层破坏的原因;将广义Bayesian方法用于地下工程,并讨论初值选取对反分析结果的影响及模型识别问题,认为更多非确定参数的复杂模型不一定能给出比简单模型更好的工程预测;利用优化设计中的Powell法研究地铁结构引起的地面沉降参数的反分析;等等。此外,为了简化非线性和非均质问题的反演过程,加快反演收敛速度,摄动方法被引入反分析计算之中,形成了一种有特色的摄动反演分析法。

1.3 反分析方法的分类及展望

根据反分析时所利用的基础信息不同,反分析方法可以分为应力反分析法、位移反分析法和混合反分析法。应力反分析法是依据在工程区域内有限个少数实测应力值,建立相应的数学力学模型推求整个工程区域内的初始地应力场;而位移反分析法则是利用现场量测位移来反推系统(工程区域)的力学特性及其地质背景的初参数(即工程区域内的力学特性参数、初始地应力等);与前两种方法相对应,混合反分析法依据的基础信息既有位移量测值,又有应力(或荷载)量测值,由这两类信息反推系统的边界条件(或支护荷载)。由于位移量测比应力量测更经济、方便,且较易获取,因此,位移反分析法更为工程所广泛采用。混合反分析法则常用于对支护荷载的反演分析中,其反演分析过程与位移反分析法完全类似。

位移反分析法按照其采用的计算方法又可以分为解析法和数值法(有限元法、边界元法等)。由于解析法只适合于简单几何形状和边界条件的问题反演,因此,难以被复杂的岩土工程所广泛采用。数值法具有普遍的适应性。根据实现反分析过程的不同,数值法又可以分为 3 类,即逆解法、直接法和图谱法。

逆解法是直接利用量测位移求解由正分析方程反推得到的逆方程,从而得到待定参数(力学特性参数和初始地应力分布参数等)。简单地说,逆解法即是正分析的逆过程。此法基于各点位移与弹性模量成反比、与荷载成正比的基本假设,仅适用于线弹性等比较简单的问题。其优点是计算速度快,占用计算机内存少,可一次解出所有的待定参数。

直接法又称直接逼近法,也可称为优化反演法。这种方法是把参数反演问题转化为一个目标函数的寻优问题。直接利用正分析的过程和格式,通过迭代最小误差函数,逐次修正未知参数的试算值,直至获得"最佳值"。其中优化迭代过程常用的方法有单纯形法、复合形法、变量替换法、共额梯度法、罚函数法、Powell 等。G. Gioda 等(1987)总结了适用于岩土工程反分析的 4 种优化法,即单纯形法、Rosenbrok 法(一种改进的变量替换法)、拟梯度法和 Powell 法,这些方法各有其特点和不足。总的来说,这类方法的特点是可用于线性及各类非线性问题的反分析,适用范围很广;缺点是通常需给出待定参数的试探值或分布区间等,同时,计算工作量大,解的稳定性差,特别是当待定参数的数目较多时,费时、费工,收敛速度缓慢。

杨志法教授提出的图谱法以预先通过有限元计算得到的对应于各种不同弹性模量和初始地应力与位移的关系曲线,建立简便的图谱和图表。根据相似原理,由现场量测位移通过图谱和图表的图解反推初始地应力和弹性模量。目前这一方法已发展为用计算机自动检索,使用时只需输入实际工程的尺寸与荷载相似比,即可得到所需的地层参数。该方法简便实用,尤其适用于线弹性反分析,具有较高的精度。

综上所述,位移反分析的发展可归纳为几个主要阶段:线性阶段,20世纪70年代末80年代初;流变、非线性阶段,80年代;非确定性反分析与预测及模式识别与理论问题的探讨阶段,80年代末至今。研究涉及各种方法,如解析方法、各种数值方法、概率及模糊方法等。其中对于非线性、多介质问题,大多采用传统优化方法或随机规划技术与数值方法的有机结合来实现。但这些方法均存在计算工作量大、解的唯一性、稳定性差等问题,实用性也需进一步解决。同时,由于岩体工程问题的复杂性,还需要进一步探讨的工作有以下几个方面。

(1) 耦合问题的反分析。对于固液耦合(应力场与渗流场的耦合、应力场与承压水的耦合)、固液气耦合(应力场、渗流场与气流场的耦合)问题,配合工程现场实测(如承压水水压观测、现场瓦斯监测等),进行反分析与预测,具有重要理论和实际意义。

(2) 动力问题反分析。解决非线性动力系统的反分析方法和理论问题,对岩体爆破动力问题、高地应力区的岩爆问题等的动力参数,能利用有关的基础信息给予确定或预测,将会使动力数值分析结果更符合实际。

(3) 动态反演过程模型。实际岩土体力学行为的发生、发展是一个动态过程,它不仅随着工程的施工、环境的变化和时间的持续在不断变化,而且岩土体工程系统每时每刻都处于物质、能量、信息的交换和流动之中。因此,建立动态反演预测模型,对岩土体工程系统内的能量积累、能量耗散的全过程进行可视化反演预测、预报,将更具有实用价值。

(4) 反分析与正分析的同步发展。岩土力学是一门多学科相互渗透、相互交叉的学科,随着相关学科新理论、新方法的出现,岩土力学正分析的建模(如损伤、分形、分叉、混沌理论和流形方法等引入后的建模)也在不断充实和完善。反分析应及时利用现场观测信息反演分析新模型和新方法中的有关参数,以使之尽可能快地应用于实际。

(5) 动态反演预测法应用软件的标准化和实用化问题。将新理论、新方法及其反演分析用于实际,必须设计制作相应的应用软件。岩土力学与工程紧密相关,解决工程问题需要有标准化的实用软件。应用软件实用化的研究是一项极其重要的细致工作,需要花费大量的时间和精力,开展大量的具体的把理论研究成果转化为实用技术的工作,并在实际实施和应用过程中不断改进、完善,为理论研究提出新的课题,促进理论研究的深入,使理论真正服务于工程实际。重视这项工作将有助于逐步缩小理论与实际的距离。

可以相信,随着研究的进一步深入和应用领域的拓宽,反分析方法的理论将更为完善,并与正分析和现场观测构成一个封闭系统,即"观测—反分析—正分析(预测)—观测"系统,其具有相当广阔的应用前景,将对完善地下工程的设计、施工理论和方法起到重大作用。

1.4　地下工程的信息化施工

1.4.1　监控的概念

测试或检测是地下工程设计与施工中的重要内容,也是地下工程监控的基础。简单地说,测试是以某种手段来量测某变量是否达到了一定的标准,而检测是检查并测试某指标是否符合标准,它们都是监控的重要组成部分。

监控简言之就是监测并进行控制,在监测的基础上,通过对大量的量测数据进行分析和处理,从而验证设计的科学性和合理性,以及施工的可行性和可靠性,其最终目标是要达到地下工程满足设计要求的整体稳定性,以便必要时对设计或施工进行修改。

所以说,测试或检测都只是方式和手段,监控才是目的,只有监控才能满足地下工程真正意义上的安全需求。

1.4.2　信息化施工

1. 信息化的含义

"信息化"是经常提及的名词,如投入几十亿元建设数字化城市,投入几千万元建设信息化企业等消息常见诸报端。那么什么是信息化呢? 是不是买了计算机或网络设备就算完成信息化? 信息化是我们追求的目标还是一个过程? 如何保证信息化的实现? 这些问题都值得进一步探讨。

刘行(2001)在《论信息化施工技术》一文中把信息化定义为:将事件演变过程或产品制造过程所发生的情况(数据、图像、声音等)采用有序的、及时的和成批采集的方式加工储存处理,使它们具有可追溯性、可公示性和可传递性的管理方式称为信息化过程。

在机械电气化时代,事件演变过程或产品制造过程所发生的相关信息是用人工的方法记录的,往往是事后零星处理,相关信息之间的关系被忽略、被支离。如以建筑物建造过程中混凝土浇灌为例,浇灌之前的数据除了混凝土的强度等级、数量外几乎全被忽略。而被忽略的混凝土的供应厂家,搅拌者情况,水泥、砂石等原料物理、化学品质,出厂时间,出厂时的天气情况,运输时间及道路交通情况等都关联着混凝土的质量。浇灌之后除了浇灌部位和立方数之外的数据也几乎全被忽略,而被忽略的混凝土捣固操作者情况、试块情况、养护情况、钢筋制作情况等同样也关系着工程质量。信息化过程处理应该是有序的、及时的和成批的方式储存。

这里强调可追溯性、可公示性和可传递性是对信息化过程特征的要求。可追溯性就是信息具有一定的正向或反向查阅功能;可公示性表明数据有条件查阅功能,不是个人行为管理;可传递性表明所有的情况不局限在某地,有能在网上传输的能力等。

信息化是过程,信息化除有计算机、通信和联网等硬软件设备外,其关键是对信息的持续不断地收集、正确地加工整理及提供科学的综合应用;同时硬软件设备也要不断更新或增加。如果哪一天停止了对信息持续不断的收集,信息系统就将失去相应的价值。所以信息化是一个进程,是需要不断采集新的信息的过程,而不是终极目标。

2. 信息化施工的实现

信息化施工出现之前对工程的监测、管理可称为基本的观测法施工。观测法施工是在施工过程中凭借工程技术人员的经验判断施工过程的安全性,或安放测试元件进行测试,根据施工过程中的测试结果进行事后分析。对施工过程中可能出现的重大质量问题和安全问题主要靠工程技术人员的经验判断,必要时采取应急措施。而观测的目的主要是验证原有设计,为今后的工程设计积累经验和资料。靠事后分析的观测施工不能直接指导当前工程项目的施工,其原因主要是由于过去测量、分析手段落后所致。如土中的应力、变形难以测量,现场数据不能实时获得以及靠人工计算分析花费时间较长等。

"信息化施工"概念在许多文献都有叙述,但多数文献直接将信息化施工和施工监测等同起来,有些工程技术人员也认为工程量测或简单的数据分析就是信息化施工。实际上施工监测只是信息化施工中的一部分,如何根据施工监测得到的量测信息来检验勘测和设计的准确性以及如何对后续施工进行指导才是信息化施工的精髓所在。

信息化施工就是在施工过程中,通过设置各种测量元件和仪器,实时收集现场实际量测数据,并基于这些数据,利用数学和力学手段,在充分了解施工和介质及结构的力学性态基础上,反分析地层参数及力学模型,再进行下一阶段的工程设计及施工的影响分析,并给出控制措施,以指导完善或修改设计和施工,从而保证工程施工安全、经济的进行。地下工程信息化施工示意图如图1-1所示。

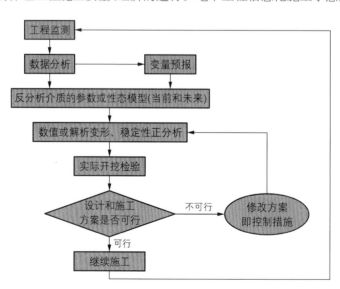

图1-1 地下工程信息化施工示意图

信息化施工技术是在现场测量技术、计算机技术以及管理技术的基础上发展起来的,要进行信息化施工,应当具备这样一些条件:①有满足检测需要的测量元件及仪器;②可实时检测;③有相应的分析预测模型和方法;④应用计算机。

及时掌握可靠的信息是信息化施工中分析、预测的基础,科学技术的发展使现在的量测技术水平大大提高,计算机的广泛应用也可以对工程施工过程进行实时监测,并能够迅速处理有关数据,及时指导正在施工工程的监测管理。

1.4.3 信息化施工的发展

人们对信息化施工在不同的历史阶段有不同的理解,科学技术的发展,包括量测技术、计算机技术等的发展,更加丰富了信息化施工的内容,增添了新的含义。自从信息化施工被提出以来,它大致经历了准信息化、信息化和现代信息化3个发展历程,具体如图1-2所示。

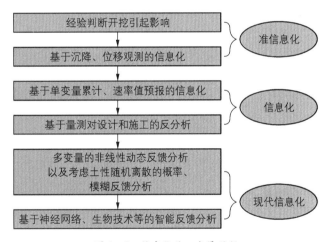

图1-2 信息化施工发展历程

近年来,随着计算技术及储存能力的发展,数字信息化施工正飞速发展,可以预计,集现场监测、专家经验及计算反馈的数字智能信息化施工为一体的新的反馈施工技术将成为未来的主要方向。

第 2 章 现场监测数据的分析与处理

地下工程实施动态反馈与控制，前提条件是必须在现场开展工程监测。本章主要介绍现场施工监测进展，如何根据监测数据进行筛选、处理分析，以及如何根据监测数据进行预警和报警等。

2.1 施工监测内容及进展

2.1.1 监测内容

地下工程的监测对象可以分为 3 大部分,包括支(围)护结构、岩土层以及临近各类建(构)筑物。工程施工现场监测内容的选择既关系到地下工程的安全,又关系到费用。任意增加不必要的监测内容是对工程费用的浪费,反之,盲目减少监测内容则可能因小失大,造成严重的工程灾害后果。对于一个具体工程,监测项目应根据其特点来确定,原则上应简单易行,结果可靠,成本低廉;所选择的被测物理量要概念明确,量值显著,数据易于分析,易于实现反馈。具体监测内容可参考相关规范。

2.1.2 现场监测的进展

目前,工程监测技术已越来越依赖于现代信息技术,依靠电子信息技术,采用软、硬件技术的有机组合,将大量的监测信息进行准确而科学地采集、传输、处理、存储和调用,并进行控制。现代信息技术的三大基础是信息采集、传输和处理技术,即传感器技术、通信技术和计算机技术,它们分别构成了信息技术系统的"感官"、"神经"和"大脑"。信息采集系统最前端的首要部件是传感器,它提供给监测系统进行处理和决策所必需的原始信息,在很大程度上影响和决定了监测系统的功能,是所有现代监测技术的起点。在监测中,许多障碍来源于监测信息获取的困难,每当有新的监测机理传感器出现,就会导致工程监测领域内技术上的突破。

1. 传感器及其发展

传感技术赖以产生的基础涉及电、磁、光、声、热、力等功能效应和功能形态等原理,是综合了物理学、化学、生物工程、微电子学、材料科学、精密机械、微细加工和实验测量等方面的知识和技术而形成的一门学科。下面从传感器的量测机理、材料科学、制造工艺,以及传感器的补偿方法进行阐述。

传感器的量测机理主要是指传感器工作时所依据的物理现象、化学反应、生物效应和电子效应等机理,以这些机理去设计制作各种用途的传感器,并随着这些技术的发展又衍生众多的传感器。各种功能材料是传感器技术发展的物质基础,从某种意义上讲,传感器也就是能够感知外界各种被监测信号的功能材料。因此,材料科学决定了传感器能否实现应满足的监测功能。随着物理学和材料科学的进步,人们正不断地研发出新的用于各种传感器的材料。传感技术的开发和研究,还需要先进的高精度的加工制造工艺对传感器的性能和使用作为技术保证。而集成技术和计算机科学的发展和应用给传感器技术带来新的机遇,它们不仅是简单地改变了传感器加工制造的方法,同时对传统的传感器测量的控制系统的设计也带来了深刻的影响。在计算机辅助设计的帮助下完成系统的开发,实现更加复杂的功能。与传统的设计相比,不同的应用系统无须采用不同的传感器,可以在单一的传感器基础上通过软件设计来改变传感器的功能,以满足不同用途的需求。因此,传感器技术还包含有用于不同领域的传感器软件以及接口技术等。

从使用角度来说,传感器的准确性、稳定性和可靠性是主要的。传统的传感器多是由硬件组成的,对其研究主要集中于硬件的开发和使用。随着社会的发展和科学的进步,在工业、农业、军事测量方面和公害、医用、自然开发控制包括监测领域等对传感器产生了新的需要和更高的要求。在这种形势下,光纤传感器、CCD 传感器、红外传感器、生物传感器、遥控传感器、微波传感器、超导体传感器以及液晶传感器等许多新型传感器应运而生,而这些新型传感器的出现又极大地推动着信息技术的更快速发展。

从当前信息技术和计算机科学的发展趋势分析,智能化、微型化、适时性、多功能、仿生、低功耗等将成为传感器的未来发展方向。以下在参考已有大量的传感器文献的基础上,就未来主要发展的部分类型传感器的特征和发展前景,予以简单介绍。

1) 智能化传感器

基于微机电系统(MEMS)技术的智能化传感器是指那些装有微处理器、相当于微型机与传感器的综合体,不但能够执行信息处理和信息存储,而且能够进行逻辑思考和结论判断的传感器系统。其主要组成部分包括主传感器、辅助传感器及微型机的硬件设备。智能化传感器能够执行信息处理和信息存储,利用软件实现非线性补偿或其他更复杂的环境补偿,利用自诊断和自校准功能来检测工作环境,改进测量精度。根据其分析器的输入信号给出相关的诊断信息,方便地实时处理所探测到的大量数据,进行逻辑思考和结论判断。智能化传感器灵活的配置功能能够使相同类型的传感器实现最佳的工作性能,微处理器的介入使得传感器更加方便地对多种信号进行实时处理。通过通信接口进行通信联络和交换信息,从而进一步拓宽其探测与应用领域。

2) 微型传感器

信息时代信息量激增,捕获和处理信息的能力日益增强,对于传感器性能指标的要求也越来越严格。传统的大体积弱功能传感器,正在逐步被体积小、重量轻、反应快、灵敏度高以及成本低的各种不同类型的高性能微型传感器取代;微电子与微机械加工与封装技术的巧妙结合,以硅为主要构成材料的传感/探测器都装有极好的敏感元件,可以生产出体积非常微小的低成本、功能强大的高性能微型新型传感器敏感系统。

敏感光纤技术日益成为微型传感器技术的另一新的发展方向。光纤本身就是一种敏感元件,具有重量轻、体积小、敏感性高、动态测量范围大、传输频带宽、易于转向作业等优点,作为微型传感器的主要敏感元件被广泛应用。光纤传感器自 20 世纪 70 年代问世以来,得到了飞速的发展,近几年来已在岩土工程监测中得到了应用,并以其优越性受到了越来越多的关注。与传统的差动电阻式和钢弦式传感器相比,光纤传感器具有许多优点,其主要表现如下:

(1) 与传统的差动电阻式和钢弦式传感器不同,光纤传感器用光缆传输信号,使用光作为信息载体,其进入或离开敏感区的调制信号与电没有任何联系,所以具有抗电磁干扰、防雷击、防水、防潮、耐高温、抗腐蚀等特点。因此,光纤传感器可用于水下、潮湿、易燃易爆、电磁干扰、高能辐射等恶劣环境,与目前传统的传感器相比,其适用条件更广,耐久性也大大增强。

(2) 光纤传感器尺寸小、重量轻,位移计重量小到 10～20 g,同时传输信号的光纤也比现行的水式电缆体积小、重量轻。光纤传感器埋设、安装方便,尤其适合于埋设在小体积的结构物中或者安装在结构物的表面,且埋入结构物中不存在匹配问题,不致影响埋设部位的材料性能和力学参数,不影响观测值的代表性。

(3) 由于光纤传输线是一种大容量信息的载体,因此,既可以将许多传感器接到一根光纤上,也可以利用单根光纤做成分布式传感器,提供沿光纤全程连续分布的监测量。这样,可以大大简化数据采集单元,得到更丰富的信息量,而且更容易实现远距离的自动化量测。

3) 多功能传感器

多功能传感器是传感器技术中新的研究方向。多功能传感器系统是由若干种不同的物理结构或化学物质及其各不相同的表征敏感元件组成的一种高度综合化和小型化的多种功能兼备的新一代探测系统,它可以借助于敏感元件中不同的物理结构或化学物质及其各不相同的表征方式,将若干种敏感元件装在同一种材料或单独一块芯片上制造成为一体化多功能传感器,用单独一个传感器系统来同时实现多种传感器的功能。在许多应用领域中,往往需要同时测量大量的物理量。同一个传感器的不同效应可以获得不同的信息,相当于若干个不同的传感器,可以用来同时测量多种参数。同时采用热敏元件、光敏元件和磁敏元件,将某些类型的传感器进行适当组合而使之成为新的传感器。这样的传感器不但能够输出模拟信号,而且还能够输出频率信号和数字信号。

4) 仿生传感器

从目前的发展现状来看,最热门的研究领域也许是各种类型的仿生传感器了。这类传感器在感触、刺激以及视听辨别等方面已有最新研究成果问世,如无触点超声波传感器、红外辐射引导传感器、薄膜式电容传感器以及温度、气体传感器等。仿生传感器中应用较多的是各种类型的多功能触觉传感器,是由 PVDF 材料、无触点皮肤敏感系统以及具有压力敏感传导功能的橡胶触觉传感器等组成人造皮肤触觉的传感器。

未来传感器系统是在传感器技术、计算机技术、信号处理、网络控制等技术的基础上发展起来的,高新技术的传感器将改变传统现状,一般意义上的传感器(即敏感单元)在将来的传感器中仅仅占很少的一部分,信号处理电路占主要部分,随着自动化生产程度的不断提高和传感器技术的发展,传感器的设计方法发生变革,使得传感器测量控制系统的设计高科技技术含量增加而构成变得简单容易。传感器一般都是用以将非电量转化为电量的,工作时离不开电源,向微功耗及无源化发展,这样既可以节省能源又可以提高系统寿命。微型化方面,各种控制仪器设备的功能越来越大,要求各个部件体积所占位置越小越好,在越来越高度集成的芯片中实现微型化,将传感器使用过程中所涉及的所有功能都包括在内,这就要求发展新的材料及加工技术。传感器智能化的程度与软件的开发水平成正比,软件在智能传感器中占据了主要位置。运算芯片技术的发展、系统集成度的增加以及软件工具的开发使传感器的智能性在硬件的基础上通过软件实现其价值。相信在不久的将来,基于计算机平台完全通过软件开发的虚拟传感器会有十分广泛的应用。与传统的系统相比,其更加可靠、便宜,并且扩展性更好,更加方便用户的使用,其应用范围更加扩大化。

2. 监测设备的发展

监测设备由原来的人工监测发展为采用高科技仪器自动监测,如数据自动采集仪、全站仪、自动沉降仪、自动测斜仪,以及超前地质雷达和 TSP 等的超前地质预报,从而达到实时高效监测的目的。

3. 监测模式的发展

监测模式的发展由手动发展到自动,电话传真发展到网络实时传送文字和图像多媒体等,包括实时监测、远程遥控监测等。实时监测是把实时监测系统与现代网络相结合,把现场监测数据实时地传输到计算机,并由计算机进行快速处理,是使监测更为快速和有效的一种监测模式。远程遥控监测是采用最新的多媒体、通信及计算机技术,利用计算机网络有效地实现远程数据或图像的传输,通过与监控技术的紧密结合,实现远程智能化监控,提高施工现场的安全和管理效率。

目前,工程测量的主要任务是大力促进工程测量技术方法和手段的更新换代,积极推动新技术的推广与应用,充分利用 GPS、RS、GIS 和这 3 种技术集成的 3S 技术,以及数字化测绘技术和地面测量先进技术设备。工程测量将向精密、自动化、智能化、数字化方向发展,从模拟走向数字,从静态走向动态,从单项技术走向多技术集成。工程测量的作业模式将向内、外作业一体化,网络化方向发展;工程测量仪器将向机器人方向发展,从一维、二维、三维到四维。工程测量将实现测量、处理、分析、管理和应用一体化、网络化。

2.2 监测数据的处理、分析和预报

在现场监测中,由于监测条件、人员、仪器设备、方法及环境等因素的影响,会使原始监测数据不可避免地存在偶然误差及一定离散性,所以在应用中必须对监测数据进行必要的数学处理,使最终得到的监测数据能有效地反映实际情况,从而为信息化反馈设计施工提供依据。

2.2.1 数据的取舍

1. 数据的统计分析

1)平均值

在对监测数据进行统计时,平均值是一项重要的数据,它反映了变量分布的集中位置,能直观

地反映出监测对象的总体变化情况。平均值的计算方法有很多,在数据处理中常用的包括算术平均值、几何平均值及加权平均值。

设对某物理量在相同精密度条件下进行 n 次独立测量,测量值为 x_1,x_2,$\cdots$,x_n,则算术平均值为

$$x_\mathrm{a} = \frac{x_1 + x_2 + \cdots + x_n}{n} = \frac{1}{n} \sum_{i=1}^{n} x_i \qquad (2-1)$$

几何平均值为

$$x_\mathrm{g} = \sqrt[n]{x_1 x_2 \cdots x_n} = \prod_{i=1}^{n} (x_i)^{\frac{1}{n}} \qquad (2-2)$$

假设各测量值 x_1,x_2,$\cdots$,x_n 所对应的权重分别为 p_1,p_2,$\cdots$,p_n,则加权平均值为

$$x_\mathrm{w} = \frac{x_1 p_1 + x_2 p_2 + \cdots + x_n p_n}{p_1 + p_2 + \cdots + p_n} = \frac{\sum\limits_{i=1}^{n} x_i p_i}{\sum\limits_{i=1}^{n} p_i} \qquad (2-3)$$

2)标准差和方差

平均值表达的是一组数据的平均水平,表明这组数据的分布中心,但仅仅用平均值不能反映数据的离散程度。表示数据离散程度和波动剧烈程度的方法有多种,最常用的是标准差(standard deviation)和方差(variance),通过它们可以考核监测数据的稳定性。

(1)标准差

在测量真值 μ 未知的情况下,通常标准差 σ 是通过平均值 $\overline{x}$ 和残余误差(简称残差) $v_i = x_i - \overline{x}$ 来估计的,即有如下的贝塞尔(Bessel)公式:

$$\sigma = \sqrt{\frac{1}{n-1} \sum_{i=1}^{n} (x_i - \overline{x})^2} \qquad (2-4)$$

(2)方差

方差是标准差的平方,其公式为

$$\sigma^2 = \frac{1}{n-1} \sum_{i=1}^{n} (x_i - \overline{x})^2 \qquad (2-5)$$

式(2-4)和式(2-5)中,$\overline{x}$ 为各数据的平均值,可为算术平均值、几何平均值或加权平均值;n 为数据量。

3)变异系数

如果两组同性质的数据标准差相同,则可知两组数据各自围绕其平均数的偏差程度是相同的,

而它却与两个平均数大小是否相同完全无关,所以有必要考虑数据的相对偏差程度,通常采用变异系数(coefficient of variation)C_v 来表示,其公式如下:

$$C_v = \frac{\sigma}{\bar{x}} \times 100\% \qquad (2-6)$$

2. 异常数据舍弃的数学方法

通常可将测量数据误差按其性质分为三类,即系统误差、偶然误差和粗大误差。应该说在测量过程中,系统误差和偶然误差是难以消除的,只有粗大误差是可以避免的。粗大误差的数据即异常数据必须按一定准则予以舍弃。

通常在一组重复测量的数据中,如有个别数据与其他的有明显差异,则它(或它们)很可能含有粗大误差(简称粗差),称其为异常数据。根据偶然误差理论,出现大误差的概率虽小,但也是可能的。因此,如果不恰当地舍弃含大误差的数据,会造成测量精密度偏高的假象;反之,如果对混有粗大误差的数据,即异常值未加舍弃,必然会造成测量精密度偏低的后果。以上两种情况都严重影响对平均值及方差的估计。因此,对数据中异常值的正确判断与处理,是获得客观的测量结果的一个重要因素。

在测量过程中,确实是存在因读错、记错数据,仪器的突然故障,或外界条件的突然变化等异常情况引起的异常值,一经发现,就应在记录中除去,但需注明原因。这种从技术上和物理上找出产生异常值的原因,是发现和剔除粗大误差的首要方法。有时,在测量完成后也不能确定数据中是否含有粗大误差,这时可采用统计的方法进行判别。统计法的基本思想是:给定一个显著性水平,按一定分布确定一个临界值,凡超过这个界限的误差,就认为它不属于偶然误差的范围,而是粗大误差,该数据应予以舍弃。

下面介绍三种常用的统计判断准则,它们都限于对正态或近似正态数据的判断处理。

1) 3σ 准则方法

3σ 准则方法又称拉依达准则(以下简称 3σ 准则),它是以测量次数充分大为前提的。

对某个可疑数据 x_d,若其残差满足

$$|v_d| = |x_d - \bar{x}| > 3\sigma \qquad (2-7)$$

则舍弃 x_d。

需要说明的是,在测量数据小于 10 时,用 3σ 准则舍弃粗差是无效的。为此在测量次数较少时,最好不要选用 3σ 准则。

表 2-1 是 3σ 准则的"弃真"概率,从表中可以看出,3σ 准则犯"弃真"错误的概率 p 随 n 增大而减小,最后稳定于 0.3%。

表 2 - 1　3σ 准则的"弃真"概率 p

n	11	16	61	121	333
p	0.019	0.011	0.005	0.004	0.003

2）Chauvenet 方法

Chauvenet 认为误差分布遵循正态分布,当误差出现的概率小于 $1/2n$ 时,剔除该数据。

设正态独立测量的一个样本: x_1, x_2, $\cdots$, x_n,对其中的一个可疑数据 x_d 构造统计量 $\frac{|x_d - \overline{x}|}{\sigma}$。选定显著性水平 $1/2n$,可以求得按下式意义的临界值 W_n,有

$$P\left(\frac{|x_d - \overline{x}|}{\sigma} \geqslant W_n\right) = \frac{1}{2n} \qquad (2-8)$$

其判别准则为:可疑数据 x_d,若其残差满足

$$|v_d| = |x_d - \overline{x}| \geqslant W_n \sigma \qquad (2-9)$$

则数据 x_d 含有粗差,应予以舍弃。

表 2 - 2 列出了 Chauvenet 方法的临界值 W_n。

表 2 - 2　可疑观测值舍弃界限表

n	W_n	n	W_n	n	W_n	n	W_n
3	1.38	14	2.10	25	2.33	100	2.81
4	1.53	15	2.13	26	2.34	150	2.93
5	1.65	16	2.16	27	2.35	185	3.00
6	1.73	17	2.18	28	2.37	200	3.02
7	1.79	18	2.20	29	2.38	250	3.03
8	1.86	19	2.22	30	2.39	500	3.29
9	1.92	20	2.24	35	2.45	1 000	3.48
10	1.96	21	2.26	40	2.50	2 000	3.66
11	2.00	22	2.28	50	2.58	5 000	3.89
12	2.04	23	2.30	60	2.64		
13	2.07	24	2.32	80	2.74		

3）Grubbs 方法

1950 年 Grubbs 根据顺序统计量的某种分布规律提出一种判别粗差的准则。1974 年我国有研

究人员用电子计算机做过统计模拟试验,与其他几个准则相比,对样本中仅混入一个异常值的情况,用 Grubbs 方法检验的功效最高。

设正态独立测量的一个样本:x_1,x_2,$\cdots$,x_n,对其中的一个可疑数据 x_d 构造统计量 $\frac{x_d - \overline{x}}{\sigma}$,则 Grubbs 导出其理论分布为 t 分布。选定显著性水平 α,通常取 α 为 0.05 或 0.01,可以求得按下式意义的临界值 $G(\alpha, n)$,即

$$P\left(\frac{\mid x_d - \overline{x} \mid}{\sigma} \geqslant G(\alpha, n)\right) = \alpha \qquad (2-10)$$

其判别准则为:对可疑数据 x_d,若其残差满足

$$\mid v_d \mid = \mid x_d - \overline{x} \mid \geqslant G(\alpha, n)\sigma \qquad (2-11)$$

则数据 x_d 含有粗差,应予以舍弃;否则,予以保留。

表 2-3 列出置信度为 95% 和 99% 时 Grubbs 方法的临界值 $G(\alpha, n)$。

表 2-3　Grubbs 方法的临界值 $G(\alpha, n)$

α / n	0.05	0.01	α / n	0.05	0.01
3	1.153	1.155	17	2.475	2.785
4	1.463	1.492	18	2.504	2.821
5	1.672	1.749	19	2.532	2.854
6	1.822	1.944	20	2.557	2.884
7	1.938	2.097	21	2.580	2.912
8	2.032	2.221	22	2.603	2.939
9	2.110	2.323	23	2.624	2.963
10	2.176	2.410	24	2.644	2.987
11	2.234	2.485	25	2.663	3.009
12	2.285	2.550	30	2.745	3.103
13	2.330	2.607	35	2.811	3.178
14	2.371	2.659	40	2.866	3.240
15	2.409	2.705	45	2.914	3.292
16	2.443	2.747	50	2.956	3.336

4) 算例

现以一实例来进行说明。根据上述数据的舍弃处理,取自同一岩体的 15 个岩石试件的点荷载

强度指数分别为 5.2、4.6、6.1、5.4、5.5、4.9、6.3、8.3、4.6、5.0、5.1、4.8、4.7、5.6、5.8。对数据的分析处理如下：

算术平均值 $\overline{x}$：$\overline{x} = \dfrac{1}{n}\sum_{i=1}^{n} x_i = 5.5$

标准差 σ：$\sigma = \sqrt{\dfrac{1}{n-1}\sum_{i=1}^{n}(x_i - \overline{x})^2} = 0.99$

剔除可疑数据：第 8 个数据 8.3 与平均值的偏差最大，疑为可疑数据。

(1) 3σ 准则方法

$$|v_d| = |x_d - \overline{x}| = 2.8 < 3\sigma = 2.97$$

所以，由 3σ 准则可知，第 8 个数据 8.3 不应舍弃。

(2) Chauvenet 方法

$$|v_d| = |x_d - \overline{x}| = 2.8 > 2.13\sigma = 2.11$$

所以，由 Chauvenet 方法可知，第 8 个数据 8.3 应该舍弃。

(3) Grubbs 方法

$$|v_d| = |x_d - \overline{x}| = 2.8 > G(0.01, 15)\sigma = 2.705 \times 0.99 = 2.68$$

所以，由 Grubbs 方法可知，第 8 个数据 8.3 应该舍弃。

在上述三种方法中，3σ 准则得出的结果与 Chauvenet 方法和 Grubbs 方法不一致，考虑 3σ 准则的适用条件，在此例中数据量较少，此方法不宜采用，故 8.3 应该舍弃。

在舍弃 8.3 后，重新计算剩余 14 个数据的算术平均值和标准差。

$$\overline{x} = \frac{1}{n}\sum_{i=1}^{n} x_i = 5.3 \qquad\qquad \sigma = \sqrt{\frac{1}{n-1}\sum_{i=1}^{n}(x_i - \overline{x})^2} = 0.55$$

在余下的数据中检查可疑数据，取与平均值相差最大的数据 6.3，分别用 Chauvenet 方法和 Grubbs 方法两种方法进行计算。

(1) Chauvenet 方法

$$|v_d| = |x_d - \overline{x}| = 1 < 2.10\sigma = 1.16$$

(2) Grubbs 方法

$$|v_d| = |x_d - \overline{x}| = 1 < G(0.01, 14)\sigma = 2.659 \times 0.55 = 1.46$$

所以，数据 6.3 是合理的。

3. 异常数据舍弃的工程方法

以上是采用数理统计及误差理论的方法来对所监测数据进行舍弃，但有些数据会在施工期间

由于受到一些意外的干扰,发生明显的异常现象。所以可以采用如下一些工程方法来对监测数据进行舍弃:

(1) 施工工况及周围环境扰动等因素分析。

(2) 在时间上数据的变化规律。

(3) 在空间上临近同一变量数据的变化。

(4) 几个测试变量的对比分析。

(5) 测试人员、仪器的因素分析。

综合之后,可以判定数据是否舍弃,如仍不能明显决定,则加强测试频率,观测数据变化,并力求在最短时间内决定是否舍弃数据还是采用真实的性态来反映。

2.2.2　工程监测数据的分析模式

1. "风"式整理与分析模式(因果关系)

众所周知,风的形成乃是空气流动的结果,而空气的流动一般是由于温差、机械运动等因素造成的,前后有因果关系。同样所谓的数据"风"式整理分析模式,是对所监测的数据进行因果关系的分析,这样可以从数据产生的源头上对某些数据,特别是一些异常数据进行分析,从而对其进行相应的舍弃,使所得的数据具有更高可靠性。

2. "林"式整理与分析模式(空间关系)

站在树林中,会给人有一种空间的概念。所以所谓的"林"式整理分析模式就是在地下工程的不断开挖中,监测某物理量的数据会由于空间效应而产生变化,是分析数据与空间关系的一种方法。

3. "河"式整理与分析模式(时间关系)

河水的流淌与时间的流逝具有一定的相似性,这里采用"河"式整理分析模式就是分析数据与时间关系的一种方法,可以说明地下工程的开挖引起某物理量数据在过去、现在、将来的变化情况,并分析它们之间的关系。

4. "山"式整理与分析模式(周边相关问题)

山之所以为山,是它与其周边地形相对比而形成的,有高有低才形成山。所以这里采用"山"式整理分析模式就是分析监测数据与周边环境以及其他一些相关因素的关系,从而可以从一个比较宏观的范围内对数据进行判断和分析。

2.2.3　工程监测数据分析的方式

1. 表格

表格是根据工程项目监测的预期目的和内容,合理地设计监测物理量的规格和形式,使其具有明确的名称和标题,能够对重要的数据和计算结果突出表示,有清楚的分项栏目、必要的说明和备注,使监测数据易于填写等。用表格来表示监测数据的优点是简单易做、数据易于参考比较、形式紧凑、在同一表内可以同时表示几个变量的变化而不混乱;缺点是对数据变化的趋势不如图那样直观明了,利用监测数据表格求取相邻两数据的中间值时,还需借助于插值公式进行计算。通常表格可分为汇总表格及关系表格。

2. 图

图在选定的坐标系中,根据工程监测数据画出几何图形来表示物理量变化结果,通常可采用曲线图、形态图、直方图、馅饼图和立体图等来表示。其优点是数据变化的趋势能够得到直观、形象的反映,缺点是超过三个变量就难以用图形来表示,同一原始数据因选择的坐标和比例尺的不同有较大的差异。

3. 函数

在现场监测中,由于监测条件、人员等因素的影响,使监测变量数据存在一定的误差及离散性,在应用时需要进行一定的数学处理,通常可通过某一形式来表示,进而获得能较准确反映实际情况的典型曲线,找出监测数据随时间、空间等的变化规律,并推算出监测数据的极值,从而为工程信息化反馈设计施工提供重要信息。

在对监测数据进行处理时,对于单变量数据可采用相关函数形式来表示,而两个(或两个以上)变量可采用非线性动态模式来处理。

1)单变量

单变量通常可以采用直线、双曲线、幂函数、指数函数、对数函数、S形(Logistic曲线)函数、多项式函数等来进行拟合。在实际工程问题中,凭借以往的经验或借助于散点图,通常可以大致知道变量之间关系的类型。通常首先根据监测数据的散点图特征,选用某一曲线函数进行拟合,数据通常可用相关数理统计软件(如Excel、Origin等)进行处理。若不能判断数据为何种分布,可进行多种函数拟合,选择一种最为符合的函数,选用函数时可通过相关系数大小及方差分析等来判断。

2)两个或两个以上变量

在处理两个或两个以上变量时,一般采用非线性动态模式,即两个或两个以上状态变量在它们所组成的相空间中的演化轨迹构成了工程系统的动态模式。尽管不知道描述这一系统的动态模式,但可事先假定为某种形式,依据状态变量的实测数据即工程系统的一组特解,通过逆问题求解反演其动态模式。具体的动态模式的建立将在第6章加以详述。

2.2.4 工程监测数据的预测

1. 监测变量数据在时间轴上的变化及预测

1)简单回归方法

在对工程监测变量数据分析时,常用的回归方法是一元线性回归或一元非线性回归。一般的非线性回归可进行相应的变化,使其变为线性函数形式。下面就以一元线性回归简要说明监测数据在时间轴上的变化及预测。

在简单回归中有两个变量,一个是时间 t,另一个是监测变量在时间 t 时所对应的量测值 m。我们希望两个变量的关系可以用一条直线来描述,而要求此直线方程既能反映在时间轴上各量测值变化的总体规律,又能使直线与量测值之间差值的平方和最小。

设回归直线的方程为

$$m = \alpha + \beta t \tag{2-12}$$

我们称此方程为量测值 m 对时间 t 的回归方程。则 t_i 时刻的实测值 m_i 与用直线方程求得的量测值 m 之间的残差为

$$e_i = m_i - (\alpha + \beta t_i) \ (i = 1, \ 2, \ \cdots, \ n) \tag{2-13}$$

最小二乘法就是求得合适的 α 值和 β 值,使下面的残差平方和 F 函数取最小值。

$$F = \sum_{i=1}^{n} e_i^2 = \sum_{i=1}^{n} [m_i - (\alpha + \beta t_i)]^2 \tag{2-14}$$

若要得到 F 的最小值,根据极值理论,则需满足 $\dfrac{\partial F}{\partial \alpha} = 0$,$\dfrac{\partial F}{\partial \beta} = 0$,因此

$$\begin{cases} \dfrac{\partial F}{\partial \alpha} = \sum_{i=1}^{n} [m_i - (\alpha + \beta t_i)] = 0 \\ \dfrac{\partial F}{\partial \beta} = \sum_{i=1}^{n} t_i [m_i - (\alpha + \beta t_i)] = 0 \end{cases} \tag{2-15}$$

求解式(2-15)可得到 α 和 β 的最小二乘估计:

$$\begin{cases} \alpha = \bar{m} - \beta \bar{t} \\ \beta = \dfrac{\sum_{i=1}^{n} (t_i - \bar{t})(m_i - \bar{m})}{\sum_{i=1}^{n} (t_i - \beta \bar{t})^2} \end{cases} \tag{2-16}$$

式中,$\bar{m}$ 和 $\bar{t}$ 分别为 m_i 和 t_i 的平均值。

求出 α 和 β 之后,直线方程就确定了。但是,还必须检验实际量测值与计算值之间的相关性,只有二者相关密切时,直线方程才有意义。

现在进一步分析残差的平方和 F。

$$F = \sum_{i=1}^{n} [m_i - (\alpha + \beta t_i)]^2 = \sum_{i=1}^{n} [m_i - (\bar{m} - \beta \bar{t}) - \beta t_i]^2 \tag{2-17}$$

将式(2-17)展开并简化后可得:

$$F = \sum_{i=1}^{n} (m_i - \bar{m})^2 - \beta^2 \sum_{i=1}^{n} (t_i - \bar{t})^2 \qquad (2-18)$$

量测值越接近直线,F 值越小,当 $F = 0$ 时,表明全部量测点均落在直线上,此时有

$$\sum_{i=1}^{n} (m_i - \bar{m})^2 = \beta^2 \sum_{i=1}^{n} (t_i - \bar{t})^2 \qquad (2-19)$$

令

$$R^2 = \frac{\beta^2 \sum_{i=1}^{n} (t_i - \bar{t})^2}{\sum_{i=1}^{n} (m_i - \bar{m})^2}$$

式中,R 为线性相关系数,满足 $0 \leqslant |R| \leqslant 1$,$R$ 值越大,说明线性相关越好,否则越差。

2) 经验方法

经验方法是一种定性分析和定量分析相结合的预测方法,是根据以往的工程施工经验来推测所监测数据的方法。一般是在缺乏历史资料的情况下,依靠现场专业人员的经验并根据工程实际进展工况做出直觉判断而进行预测。

3) 时间序列分析

直观地说,所谓时间序列,是指依据时间顺序排列起来的有序数据集合,用于表示某种现象随时间的变化过程。如以土体变形为例,以 X_t 表示土体在时间 t 时的变形量,则按照某种时间单位把 X_t 排列起来就构成了时间序列。可按照序列模型及监测数据进行参数识别,进而可预测未来时刻变形。

4) 非线性动态模式

由于在地下工程开挖过程中的影响因素是极其复杂的,从现场得到的实测数据是最为重要和最能揭示该工程系统的特征,这些测试数据的变化体现了地下工程系统各种复杂因素之间的相互作用。因此,可以把实测资料看作地下工程系统的一组特解,事先假定这些实测变量服从某种动态形式,通过逆问题求解反演其动态模型。

利用实测资料反演的非线性动态模型是否能真正体现该系统的发展轨迹还需对其进行检验。作为一组特解的实测资料为离散时序样本,反演得到的地下工程系统非线性动态模式即是对该时序样本数据进行统计分析的结果。为此,借鉴统计学理论对这一模式进行检验;若检验失败,再重新假设动态模式反演更新,以期得到能最大程度适合地下工程系统动态行为的模型。利用得到检验的动态模型,则可对地下工程系统动态行为进行预报。

5) 神经网络

人工神经网络(ANN)是指由大量与自然神经系统的神经细胞类似的(人工)神经元互联而成

的网络。神经网络的结构和特性是由神经元的特性和它们之间的连接方式决定的。

人工神经网络是众多神经元连接起来的非线性动力系统,长于处理复杂的多维非线性问题。理论证明,一个三层网络可以任意精度逼近任意给定的连续函数,具有极强的非线性映射能力。BP神经网络(Back Propagation,误差反向传播多层前馈神经网络)是 Rumelhart 等人在 1986 年提出的一种多层人工神经网络,它是目前应用最广泛也是最成熟的一种神经网络模型,属于按层次结构构造的网络模型。基本的 BP 神经网络模型一般由一个输入层、一个输出层和一个或多个隐含层组成,在实际应用中,具体的网络结构可根据处理问题的特殊性作适当的改进。

神经网络的优越性表现在它具有通过学习逼近任意非线性映射的能力,将其应用于非线性系统的建模与辨识,可不受非线性模型的限制,便于给出工程上易于实现的学习算法。

神经网络能通过对已知监测数据样本的学习,掌握输入与输出间复杂的非线性映射关系,并对这种关系进行存储记忆,直接为预测提供知识库,同时,还具有高速的运行处理能力、自组织学习能力、容错性、灵活性和适应性等优点。

神经网络对测点时间预测是用已知样本对网络进行训练,直到网络掌握数据间的非线性映射关系为止,然后用未来时间段作为预测样本,输入已经学习好的网络,通过网络的联想记忆功能直接预测。

6) 考虑地层时效性的黏弹性或黏弹塑性分析

地下工程周围地层一般都具有某种时效性,可以假设地层服从黏弹性或黏弹塑性本构关系,利用现场监测数据来反分析地层本构模型及其参数,然后根据反分析的本构模型及求得的参数预报工程监测点在未来某一时刻的位移大小。

2. 监测变量数据在空间上的变化及预测

(1) 经验函数法。

经验函数法就是通过大量实际工程监测到的数据建立自变量与因变量之间的关系,对于监测变量数据在空间的变化,例如,在隧道施工过程中,常采用一些经验函数预测地表的沉降,如纵向地表沉降的分段函数法、横向地表沉降的 Peck 方法、日本竹山乔方法等。

(2) 多项式法。

根据工程监测到的大量数据,采用合适的多项式进行拟合,得到一个多项式函数,从而对监测变量在空间上的后期变化进行预测。

(3) 模糊随机方法。

由于监测变量数据在空间上的变化存在着不确定性,这种不确定性既有随机性,又有模糊性。随机性是由于事物的因果关系不确定造成的,而模糊性是指事物的边界不清楚,即在质上没有确切的定义,在量上没有明确的界限(白海玲、黄崇福,2000)。随机方法主要是运用随机介质理论预测施工中监测变量数据在空间的变化。随机介质理论自波兰学者李特威尼申(J. Litwinisyn)提出以来,经过国内外专家学者的发展,已逐步完善,应用领域日趋扩大。随机方法是建立在大数定理基础上,即只有在大样本情况下才能以频率近似为概率。但是很多情况下由于历史数据不充足,这时如果仍单纯地利用概率统计方法,得出的结果势必比较牵强,不利于预测。自从模糊数学诞生以后,许多学者便开始用模糊数学方法处理预测问题。岩土体作为一种复杂的非线性介质,具有许多介质无法相比的不确定性和模糊性。在地下工程施工过程中,岩土体工程性质的模糊随机性包括岩土体所受荷载的模糊随机性以及地下工程响应的模糊随机性。所以将随机性与模糊性相结合,可以建立监测变量数据在空间变化的模糊随机预测方法。

(4) 信息扩散理论。

信息扩散是为了弥补信息不足而考虑优化利用样本模糊信息的一种对样本进行集值化的模糊数学处理方法。最原始的形式是信息分配方法,主要用于地震工程领域。信息扩散方法可以将一个只有一个观测值的样本,变成一个模糊集,或者说,是把单值样本变成集值样本。目前应用普遍及最简单的模型是正态扩散模型。这样可以利用建立的模型对空间上缺少数据的变量予以预测。

3. 基于各种假设的解析解

解析解是通过一定的假设,或在一种较为理想的状态下,通过严格的数学推导得到的公式。它有着严格的理论推导,在某些工程计算中得到了较好的应用,如基于 Mindlin (1936)弹性半空间应力解,可以模拟分析隧道平行推进引起周围地层或临近构筑构的附加应力分布。

4. 有限元及边界元的数值分析

在许多工程问题中,其得到的模型是很难进行求解或根本无法求解的,这时就只能借助于数值解,而且实际工程一般要求得到的结果只要满足工程的精度要求即可,没有必要得到解析解那样的精确值。所以数值解有其特有的优势。目前数值计算方法应用已相当广泛,在地下工程中,也常采用此方法作为研究手段进行分析,解决了工程的许多计算问题,从而能为工程监测提供预测。目前在地下工程中使用较多的数值分析方法是有限元计算方法。

5. 基于数据库和知识库的人工智能或专家系统等软科学方法

软科学是一门新兴的高度综合性的科学,是以阐明现代社会复杂的政策课题为目的,应用信息科学、行为科学、系统工程、社会工程、经营工程等正在急速发展的与决策科学化有关的各个领域的理论或方法,靠自然科学的方法对包括人和社会现象在内的广泛范围的对象进行跨学科的研究工作。

在地下工程中,通过此方法,在以往工程经验的基础上,建立本地区或区域的地层数据库,并不断加以完善,即建立起一套可靠的地理信息系统(GIS)。在此基础上,如果在本地区或区域进行类似的地下工程,则可以通过数据库并结合人工智能等方法进行监控与预测工作。国内目前孙钧院士在这方面做了较多的研究,其研究成果在许多工程中得到了应用。

2.3 测点布置、测试频率、预警及报警值

地下工程监控量测过程中,对于测点布置、测试频率、预警及报警值都有一定的要求,现以基坑工程为例进行说明。

2.3.1 测点布置

1. 墙顶水平位移和沉降测点布置

测点一般布置在围护结构的圈梁或压顶上,测点间距一般为 8～15 m,可以等距离布设,亦可根据现场观测条件、地面堆载等具体情况布设,但要考虑到能够据此绘制出围护结构的变形曲线。对于水平位移变化剧烈的区域,测点应适当加密,有水平支撑时,测点应尽可能布置在两根支撑的中间部位。

2. 桩墙深层侧向位移

通常在基坑每边上布设 1 个测点,一般应布设在围护结构每边的跨中处。较短的边线可不布设,长边可增至 2～3 个。原则上,在长边上应每隔 30～40 m 布设一个测斜孔。监测深度一般取与围护桩墙深度一致,同一孔中在深度方向的测点间距为 0.5～1.0 m。

3. 支撑轴力

支撑轴力的测点布置主要考虑平面、立面和断面 3 个方面的因素。

(1) 平面。指在同一道支撑上应选择轴力最大的杆件进行监测,如缺乏计算资料,可选择平面净跨较大的支撑杆件布点。

(2) 立面。指基坑竖直方向上不同标高处各道支撑的监测选择,对各道支撑都应监测,且各道支撑的测点应设置在同一平面上,这样就可以从轴力-时间曲线上,清晰地观测到各道支撑设置—受力—拆除过程中的内在相互关系。

(3) 断面。轴力监测断面应布设在支撑的跨中部位,对监测轴力的重要支撑,宜同时监测其两端和中部的沉降与位移。采用钢筋应力传感器量测支撑轴力,需要确定量测断面内测试元件的数量和位置,一般配置 4 个钢筋计。

围护桩墙的内力监测,应设置在围护结构体系中受力有代表性位置的钢筋混凝土的主受力钢筋上;采用土层锚杆的围护体系,每道土层锚杆中必须选择 2 根以上的锚杆进行监测。

4. 土体分层沉降和水土压力测点布置

应布置在围护结构体系中受力有代表性的位置,土体分层沉降和空隙水压力计测孔应紧邻围护桩墙埋设,土压力盒应尽量在施工围护桩墙时埋设在土体与围护桩墙的接触面上。监测点在竖

向位置上应主要布置在计算的最大弯矩所在的位置和反弯点位置;计算水土压力最大的位置;结构变截面或配筋率改变的截面位置;结构内支撑及拉锚所在位置。土体分层沉降还应在各土层的分界面布设测点,当土层厚度较大时,在土层中部增加测点。孔隙水压力计一般布设在土层中部。

5. 土体回弹

深大基坑的回弹量对基坑本身和邻近建筑物都有较大影响,因此,需进行基坑回弹监测。在基坑中央和距坑底边缘 1/4 坑底宽度处及特征变形点必须设置监测点,方形、圆形基坑可按单向对称布点,矩形基坑可按纵横向布点,复合矩形基坑可多向布点,地质情况复杂时可适当增加点数。

6. 坑外地下水位

坑外地下水位一般通过监测井监测,监测井布置较为随意,只要设置在止水帷幕以外即可。监测井不必埋设很深,井底标高一般在常年水位以下 4～5 m 即可。

7. 环境监测

环境监测的范围一般是基坑开挖 3 倍深度以内的区域,建筑物以沉降观测为主,测点应布设在墙角、桩身等部位,应能充分反映建筑物各部分的不均匀沉降。管线上测点布置的数量和间距应考虑管线的重要性及对变形的敏感性,如上水管承接式接头一般按 2～3 个节度设置 1 个监测点,管线越长,在相同位移下产生的变形和附加弯矩就越小,因而测点间距可大些,在有弯头和丁字形接头处,对变形比较敏感,测点间距就要小些。

2.3.2 测试频率

基坑监测工作基本上伴随基坑开挖和地下结构施工的全过程,基坑越大,监测周期越长,一般原则如下:

(1) 围护墙顶水平位移和沉降、围护墙深层侧向位移监测期限,从基坑开挖至主体结构施工到 ±0.000,监测频率为:①从基坑开挖到浇筑完主体结构底板,每天监测 1 次;②从浇筑完主体结构底板至主体结构施工到 ±0.000,每周监测 2～3 次;③各道支撑拆除后的 3 天至一周内,每天监测 1 次。

(2) 内支撑轴力和锚杆拉力,从支撑和锚杆施工到全部支撑拆除,每天监测 1 次。

(3) 土体分层沉降、深层沉降标测回弹、水土压力、围护墙体内力监测一般也贯穿基坑开挖至主体结构施工到 ±0.000 的全过程,监测频率为:①基坑每开挖其深度的 1/5～1/4,读数 2～3 次,必要时每周监测 1～2 次;②基坑开挖至设计深度到浇筑完主体结构底板,每周监测 3～4 次;③浇筑完主体结构底板到全部支撑拆除实现换撑,每周监测 1 次。

(4) 地下水位监测,期限是整个降水期间,每天 1 次。

(5) 周围环境监测,从围护桩墙施工至主体结构施工到 ±0.000 期间都需监测,周围环境的水平位移和沉降需每天监测 1 次,建(构)筑物倾斜和裂缝每周监测 1～2 次。

监测频率的确定不是一成不变的,在施工过程中尚需根据基坑开挖和围护施筑情况、所测物理量的变化速率等作适当调整。当所测物理量的绝对值或增加速率明显增大时,应加密观测次数,反之,可适当减少观测次数。当有事故征兆时应连续监测,但原则是监测工作自始至终要与施工进度相结合,监测频率与施工工况同步跟踪,应根据桩基施工和基础开挖的不同阶段,合理安排监测频率,特别对于影响较大的监测项目可根据委托方或监理的要求适当增加监测频率和台班数,确保管线和围护结构的安全。

2.3.3 现场监测预警及报警值

在地下工程施工中,传统的方法仅考虑监测控制值,即按照两个阶段控制,当监测变量小于某个值时即安全,反之不安全。随着监测技术的发展,可以将监测控制值细分为三阶段,即安全、预警和报警,实现科学的工程安全管理和控制。根据设计允许最大值考虑一定的安全储备值为安全限界,即安全值取设计最大值的60%以内,预警值取设计最大允许值的80%左右,报警值取设计最大允许值的80%~150%。

确定预警和报警值的方法主要有三种。下面以软土地区基坑开挖为例进行说明。

1. 参照相关规范和规程的规定值

我国各地方标准中对基坑工程预警值和报警值均有一定的要求,可依照相应地区的标准规范和规程给出的值予以参照制定。

2. 经验类比值

经验类比值是根据大量工程实践经验积累而确定的预警值,如软土地区一般经验值为:①煤气管道的沉降和水平位移均不得超过10 mm,每天发展不得超过2 mm;②自来水管道沉降和水平位移均不得超过30 mm,每天发展不得超过5 mm;③基坑内降水或基坑开挖引起的基坑外水位下降不得超过1 000 mm,每天发展不得超过500 mm;④基坑开挖中引起的立柱桩隆起或沉降不得超过10 mm,每天发展不得超过2 mm。

3. 设计预估值

基坑和周围环境的位移与变形值,是为了基坑和周围环境的安全需要在设计和监测时严格控制的,而围护结构和支撑的内力、锚杆拉力等,则是在满足以上基坑和周围环境的位移与变形控制值的前提下由设计计算得到的。因此,围护结构和支撑内力、锚杆拉力等应以设计预估值为确定预警值的依据,一般将预警值确定为设计允许最大值的80%以内。

以上预警值及报警值仅提供参考,具体值要根据设计、业主、施工及监理等单位共同制订管理标准,并针对工程进展工况,复核测试数据有效性,考虑环境因素以及其他测试变量和周围同类变量的情况综合判断,最后决定是否预警和报警。

第 3 章 增量法反馈与控制

地下工程的施工实际上是逐步动态实现的,对地层或支护结构的影响是增量变化的。增量反馈的实施过程是通过现场对已开挖的岩土层或支护结构的位移进行监测,根据监测数据来动态反馈力学变形参数,再进行正分析,根据正分析结果予以控制,形成不断监测、不断反馈控制的动态反馈技术。本章主要介绍基于梁和板理论的增量反馈技术方法及在工程实践中的运用。

在地下工程中,岩土体或支护结构的位移与地下工程的稳定性密切相关,因而如何准确地预报岩土体或支护结构的位移一直是岩土工程师长期努力的方向之一。目前通常采用岩土工程勘察报告或由经验值等来确定岩土体的物理力学性态参数,然后通过相关的数值计算方法来对岩土体及支护结构的位移进行分析预测。然而在这种方法中,所采用的岩土体的物理力学参数通常认为是不变的。事实上,岩土体是一个复杂的地质体,难以通过勘察或经验法对岩土体的物理力学参数进行准确的判断,因而计算所得的位移结果往往与实测值相差甚远。例如,在深基坑的开挖施工过程中,往往需要多道支撑方能保证围护结构的合理受力和稳定,而支撑的设置一般是在开挖到相应的位置后及时施筑,以利于基坑的稳定。在施工的不同阶段,围护结构、支撑体系和土体所形成的结构体系是不断变化的,土压力也随着开挖的进行而不断变化,因此,要真实地模拟基坑开挖的全过程,体现开挖的动态性,必须采用增量的方法。

3.1　增量法反馈的意义

在地下工程施工过程中,特别对于深大基坑工程,开挖与支护总是分步进行,很少有开挖一步到位后进行支护的。所以在此时,若还是采用总量法进行计算,无论从实测还是理论进行证明都是不合理的,而增量法无论从实测还是理论上均证明是合理的,并且增量法简便明了,更容易被工程设计人员所接受。

增量反馈的过程是通过现场量测手段,对已开挖的岩土层或支护结构的位移进行监测,同时根据已开挖的不断量测所得到的结果进行动态反馈分析。如在基坑工程中,开挖及支护通常都是分步进行的,每一步开挖及支护都会影响周围土体及围护结构的变形和内力,而且这种变形和内力会随时间逐渐改变。在这个过程中,可以通过已监测的数据对土体的力学参数进行反馈,然后采用反馈的参数对岩土体和支护结构进行变形预测,达到进一步控制的目的。

在工程关键部位施工过程中,对该部位关键监测点的监测数据,要紧跟工况发展,进行数据处理与反馈分析,当变形速率的监测数据达到警戒值时,立即进行实时控制,以事先备用的措施将施工中的风险性趋势制止在萌芽状态,使基坑工程周边环境的安全和质量始终处于可控状态。

3.2　基于弹性地基梁的增量法反馈及实例分析

基坑开挖引起的围护结构变形很大程度上是由于开挖卸去土体的空间效应引起的。对于较深的基坑,往往需采用多道支撑体系,实践表明,由于各道支撑随开挖过程分步设置,施工工序对围护的连续墙体内力和变形都有很大影响。常规方法如等值梁法虽然便于计算,但不能考虑分步开挖和分步支撑的效果,所以计算结果与实际情况出入较大。弹性地基梁法的基本思想是将坑外土体的主动土压力作为水平荷载施加于竖直梁(地下连续墙)上,而将坑内土体作为弹性地基,即视之为沿深度方向分布的一系列弹簧,通过梁的挠曲微分方程的解答,求解梁的内力和变形。把土体视为直线变形体,假定深度 z 处的水平抗力 σ_x 等于该点的水平基床系数 k_z 与该点的水平位移 x 的乘积,即

$$\sigma_x = k_z x \qquad (3-1)$$

一般在土力学中,围护墙后的主动土压力分布取为矩形模式。地基基床系数的分布与大小直接影响挠曲微分方程的求解及梁的内力和变形。通常关于基床系数 k_z 的取值有 4 种假设(杨光华,1994),即常数法、"k"法、"m"法和"C"法。

竖直梁在集中力 Q_0、弯矩 M_0 和地基水平抗力 σ_x 作用下产生挠曲,梁的挠曲微分方程(杨光华,1994)为

$$EI \frac{\mathrm{d}^4 x}{\mathrm{d}z^4} = -\sigma_x b_0 = -k_z x b_0 \qquad (3-2)$$

式中　EI——梁身的抗弯刚度;

　　　b_0——梁的计算宽度。

在上述方程中,按不同的 k_z 取值模式,就得到不同的计算方法,可见基床系数 k_z 取值的准确与否与用上述方程求解竖直梁的解析解的可信度密切相关。实际上,k_z 的分布规律远没有上述 4 种方法所描述的那样理想,它不仅受土性变化的影响,而且也与受力状况、开挖工序和施工方法密切相关。多数情况下 k_z 的取值依赖于地质报告或由经验值确定,而且在基坑开挖的不同工况中认为是不变的,因而往往导致计算结果与实测值有较大误差。对于弹性地基梁法,目前通常的做法是把支撑、土体作为弹性杆,墙体作为弹性梁单元,在开挖的各个阶段分别求得挡墙内力、水平位移和支撑轴力。

这里提出的增量法反馈技术以增量法为基础,利用现场实测数据来建立。在实际工程中,基坑开挖施工的不同工况,实际上就是土体开挖空间几何尺寸的减小和支撑的架设及拆除。为此,首先采用土力学原理确定这个过程的荷载增量,然后计算出荷载增量对应的位移增量,再将位移增量与上一工况的实测位移值相叠加,即得该工况的墙体侧向位移预报值。这里以弹性地基梁法为基础,利用上一施工工况的实测墙体侧向位移值反算出 k 值,并认为在下一施工工况中 k 值不变,利用反算的 k 值预报下一工况墙体侧向位移值;当基坑开挖到下一工况,再利用下一工况实测值反算新的 k 值,再以新反算的 k 值预报再下一工况的位移,以此形成不断量测、不断反算、不断预报的循环渐

进的施工反馈预报方法。

这样随着基坑工程的不断开挖,不断监测,不断反馈,可以实现基坑施工过程中的围护墙体的位移预报。

3.2.1 荷载增量的确定

对于均质地基,基坑外侧土体压力取为如图3-1所示模式,图3-2为k值的反馈计算简图(吴江滨等,2003)。开挖面以下为矩形分布,这是考虑到坑内土体与坑外开挖面以下土体的静止土压力相互抵消的结果。对于实际情况下的分层地基,坑外开挖面以上土体压力分布按朗肯主动土压力取值,以下土体净主动土压力由不同矩形块组成,其值为开挖面以上土体超载和地面超载共同作用下,分别在不同土层中产生的净主动土压力值。

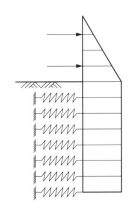

图3-1　净土压力计算示意图

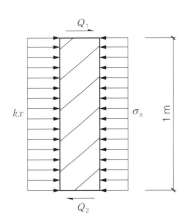

图3-2　k值的反馈计算简图

若以σ_{ai}表示开挖面下第i层土的净主动土压力值,则

$$\sigma_{ai} = (q + \sigma_{c0})K_{ai} - 2c_i\sqrt{K_{ai}} \tag{3-3}$$

式中,q为地面超载大小;σ_{c0}表示开挖面以上土体超载大小;K_{ai},c_i分别为第i层上的主动土压力系数和黏聚力。

基坑开挖过程中,由式(3-3)分别计算出开挖前和开挖后的净主动土压力分布,两者之差即为净主动土压力荷载增量;作用于被动侧的土反力,由于开挖过程卸去了一部分土体,使得原先作用于这部分土体的土反力消失了,这就相当于在挡墙上施加了大小相等、方向相反的荷载,称为当量荷载增量。净主动土压力荷载增量与当量荷载增量的叠加就构成了某一开挖过程的荷载增量。

3.2.2 土体水平基床系数值的确定

坑内被动区的土体用一系列土体弹簧模拟,深度z处的土体横向抗力σ_z与该深度处围护墙体

的水平位移 x 满足 $\sigma_x = k_z x$，其中 k_z 为该深度处土体的水平基床系数。对于理想状态的土反力，考虑到其沿深度方向为线性分布，由材料力学有关定理可知，宜采用五次多项式对实测位移曲线进行拟合，再由拟合多项式反算坑内土体的水平基床系数。具体步骤如下：取定一坐标系，设挡墙某一深度 z 处水平位移值为 x，拟合多项式为

$$x = az^5 + bz^4 + cz^3 + dz^2 + ez + f \tag{3-4}$$

式中，a，b，c，d，e，f 采用最小二乘法求解。

由于只需反算坑内土体的 k 值，为减小拟合误差，对开挖面以下的 z，x 值进行曲线拟合。取长度为 1 m 的单元墙体，由材料力学可知：

$$EIx''' = \pm Q \tag{3-5}$$

式中　EI——挡墙的抗弯刚度；

　　　Q——挡墙剪力，其正负号与坐标系的选取有关。

于是将拟合多项式(3-4)带入式(3-5)就可以求得挡墙截面的剪力。

假设自开挖面以下每米长度单元的土体水平抗力中的 k 值相同，则可以由静力平衡条件求得其值的大小，如图 3-2 所示。由方程

$$kx + Q_1 - Q_2 - \sigma_a \cdot 1 = 0 \tag{3-6}$$

其中，Q_1，Q_2 由式(3-5)求得，σ_a 已知，x 取这 1 m 长度中点的水平位移值，于是可求得水平基床系数 k。由于挡墙较深处水平位移 x 值一般很小，由此反算所得 k 值明显大于实际值。考虑到上海的工程经验，当反算所得的 k 值达到 10 000 kN/m³ 时(楼晓明，1996)，就认为从这个深度以下 k 值相同。另外需要注意的是，由于土层的分层效果，k 值的划分要避免将不同土层的土划分到一个单元。

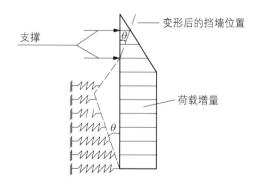

图 3-3　墙体增量位移预报的计算简图

3.2.3　挡墙位移的确定

考虑到连续墙刚度很大，荷载增量相对较小，以及支撑的作用，故可假设其在增量荷载作用下的水平位移如图 3-3 所示。对于 k 值取到 10 000 kN/m³ 后对应的墙体，认为其被土嵌固得很牢；而它之上的墙体视为简支，于是这部分墙体最大水平位移可认为发生在其中点处。位移增量为零的两个点一个位于墙底，另一个位于上道横撑设置处。上道横撑之上的墙体侧移仍为线性，其斜率 k_0 的确定仍沿用增量法，即按以前这

部分挡墙实测位移值增量的线性拟合直线的斜率取值。上一工况根据实测位移值反算得坑内土体的 k 值,认为其在相邻的下一工况中保持不变,这样用增量法计算时,只有两个未知数,即 θ 值和新加一道支撑的轴力增量 ΔN 值,由水平向合力为零和对墙底合弯矩为零两个方程即可求解。于是就可以求得由于开挖引起的荷载增量作用于挡墙而引起的挡墙水平位移增量。算得挡墙在增量荷载作用下的水平位移增量后,将位移增量与上一工况的挡墙实测位移值进行叠加即可预报这一工况的位移值。

3.2.4 工程实例分析

为检验上述方法的正确性,以一个基坑工程实例来说明用增量法反馈对墙体位移值进行预报分析。

上海黄浦江行人隧道为我国首条江下观光隧道,其浦东出入口竖井位于东方明珠电视塔脚下。浦东竖井为地下 4 层结构,长 100 m,宽 22.8 m,平面划分为标准段和端头井两部分,见图 3 - 4。竖井基坑的自然地坪绝对标高为 +4.20 m,场地工程地质条件自上至下依次为第①层为杂填土,平均层厚 2.10 m。第②层根据土性可分为两个亚层:②₁ 层为粉质黏土,一般厚度为 0.60 m,属中压缩性土;②₂ 层为砂质粉土,平均层厚 16.7 m,属中压缩性土。第③层根据土层可分为两个亚层:③₁ 层为黏土,平均层厚 3.00 m,属高偏中压缩性土;③₂ 层为粉质黏土,平均层厚 21.4 m,属高偏中压缩性土。端头井是盾构出入的重要构成部分,端头井挖深 23 m,围护结构采用 37 m 深、800 mm 厚的地下连续墙。坑内采用 ϕ609 刚管撑,在标准段为对撑布置,撑距 3~3.5 m,竖向标准段设 6 道支撑,端头井部分为斜撑布置,设 7 道支撑。端头井某一断面的地质剖面和围护、支撑布置情况如图 3 - 4 和图 3 - 5 所示,标高以自然地坪 ±0.00 计。取 1 m 宽的墙体计算,其抗弯刚度 EI 为 1.19×10^6 kN·m²,另外计算时地面超载取为 20 kPa。下面选取两个有代表性的开挖过程进行计算分析。

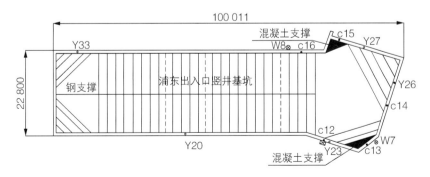

c—墙体测斜点;W—水压力测点;Y—压力测点

图 3 - 4　上海黄浦江行人观光隧道浦东出入口竖井基坑围护平面图

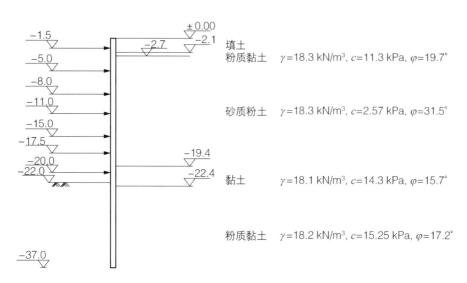

图3-5 行人隧道浦东工作井围护断面图

如图3-6所示,工况1开挖深度为8.5 m,第三道支撑已撑好;工况2为续挖到11.5 m,在深度11 m处加设第四道支撑;工况3为再续挖至15.5 m,同时在深度15.0 m处加设第五道支撑。

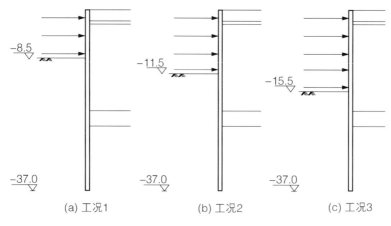

图3-6 典型开挖工况示意图

工况1开挖至工况2引起的净主动土压力增量如图3-7(a)所示,工况2开挖至工况3引起的净主动土压力增量如图3-7(b)所示,其中,荷载增量只取到墙深37.0 m处,这是因为根据工况1的实测位移值,在墙深37.0 m以下墙体没有位移,所以认为在这之下的墙体两侧土压力是平衡的。由工况1及工况2实测位移值反算的坑内土体的水平基床系数 k 值,如表3-1所示。

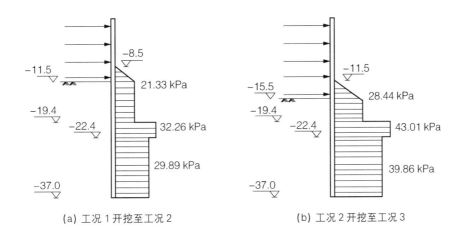

(a) 工况 1 开挖至工况 2　　　　　　　　(b) 工况 2 开挖至工况 3

图 3-7　土压力增量计算结果图

表 3-1　由不同工况反算的 k 值

土层	深度范围/m	k 值/(kN・m^{-3})						《上海地基基础设计规范》值
		反分析值						
		工况 1		工况 2		工况 3		
		1 m 的土	均值	1 m 的土	均值	1 m 的土	均值	
砂质粉土	8.5～9.5	2 618	2 499		1 773		1 185	5 000
	9.5～10.5	2 394						
	10.5～11.5	2 272						
	11.5～12.5	2 216		1 729				
	12.5～13.5	2 231		1 652				
	13.5～14.5	2 240		1 631				
	14.5～15.5	2 308		1 653				
	15.5～16.5	2 411		1 710		1 057		
	16.5～17.5	2 551		1 800		1 124		
	17.5～18.5	2 732		1 924		1 219		
	18.5～19.5	2 961		2 085		1 341		
黏土	19.5～20.5	5 074	5 674	3 952	4 400	2 858	3 174	7 000
	20.5～21.5	5 626		4 364		3 125		
	21.5～22.5	6 321		4 885		3 538		

土层	深度范围/m	k 值/(kN·m^{-3})						
		反分析值						《上海地基基础设计规范》值
		工况 1		工况 2		工况 3		
		1 m 的土	均值	1 m 的土	均值	1 m 的土	均值	
粉质黏土	22.5~23.5	6 631	7 801	5 121	6 565	3 731	5 681	8 000
	23.5~24.5	7 688		5 907		4 215		
	24.5~25.5	9 084		6 932		4 694		
	25.5~26.5	10 977		8 299		5 632		
	26.5~27.5	10 977		10 185		7 110		
	27.5~28.5	10 977		10 185		8 701		
	>28.5	10 977		10 185		11 533		

计算内容包括四种情况:

(1) 假设坑内土体 k 值在由工况 1 开挖至工况 2 时保持不变,则可求得工况 2 时的挡墙水平位移值。

(2) 由工况 2 反算 k 值后预报工况 3 的挡墙水平位移值。

(3) 用工况 1 反算所得 k 值对工况 3 进行预报。

(4) 本工程 k 值用经验值确定,依据文献(楼晓明,1996),砂质粉土层为中等密实,k 值取为 5 MN/m³;黏土层为高偏中压缩性土,k 值取为 8 MN/m³;粉质黏土层为中压缩性土,k 值取为 7 MN/m³。以此对工况 3 的墙体位移值进行预报。

上述四种情况的预报值与实测值的比较如图 3-8 所示。

(1) 从预报结果来看,用工况 1 反算的 k 值预报工况 2 的位移以及用工况 2 反算的 k 值预报工况 3 的位移均取得了较理想的效果,预报值与实测值的最大误差分别为 5 mm 和 7 mm,预报出现位移最大值的墙体深度分别比实际情况偏差 2 m 和 2.5 m;而用工况 1 反算的 k 值预报工况 3 的位移不甚理想,预报值与实测值的最大误差达到了 14 mm,预报出现位移最大值的墙体深度比实际情况偏离 3.5 m;用经验 k 值预报工况 3 的墙体位移,预报值与实测值的最大误差超过了 15 mm,出现位移最大值的墙体深度比实际情况偏离 2.5 m。针对工况 3 时的墙体侧向位移预报,采用不同的 k 值,预报结果不大相同,见图 3-8(b)—(d)。可以看到,以工况 2 反算 k 值为基础的预报值与实测值最为接近;不考虑工况 2,直接由工况 1 反算的 k 值预报工况 3 的位移值,其效果就要差很多;而直接由经验确定 k 值,预报值与实测值之间的偏差最大,虽然看上去其对出现最大位移值的墙体深度的预报效果要好于用工况 1 反算 k 值进行预报的情况,这是因为它借用了图 3-8(b)的最大墙体

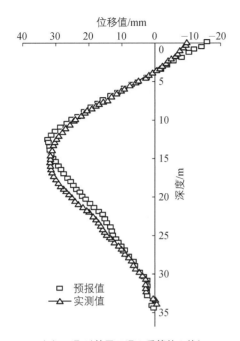

(a) 工况 2(基于工况 1 反算的 k 值)

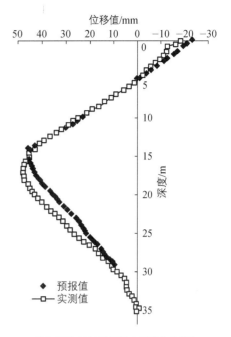

(b) 工况 3(基于工况 2 反算的 k 值)

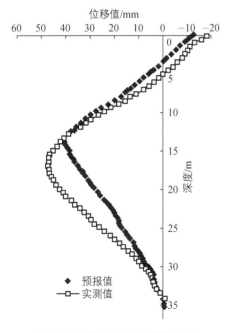

(c) 工况 3(基于工况 1 反算的 k 值)

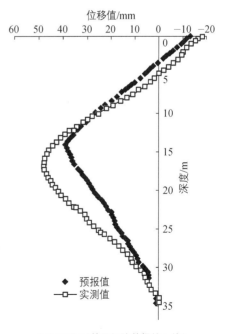

(d) 工况 3(基于经验数据的 k 值)

图 3-8 位移实测值与预报值比较

位移深度值,而不是它的 k 值取得合理。由此可以看出,基坑的开挖是一个动态过程,土体被扰动后其力学状态不同于开挖前,因而参考勘察报告凭经验确定其力学参数(如 k 值)是不合理的,以此为基础的计算结果也不可靠。图 3-8(b)的预报效果要好于图 3-8(c),这充分说明基坑土体的力学性态在开挖过程中不断交化,只有用最新的实测数据去反演它的力学参数才是最接近实际情况的,由此计算的结果才是最令人信服的,说明不仅要重视实测数据的作用,而且要注重实测数据的更新频率。

(2) 从图 3-8(a),(b)的预报结果来看,预报出现最大位移值的墙体深度都位于实测最大位移值的墙体深度之上 2~3 m,这主要是由于在位移增量计算模型中将一部分墙体视为简支,从而确定最大位移增量发生在简支部分的中点,因而如何更合理地确定简支墙体的长度尚需进一步研究,墙体顶端位移预报值明显大于实测位移值,主要是因为顶端墙体向坑外移动,这部分墙体势必产生抗力阻碍挡墙的进一步变形,也就是说墙顶端附近的坑外一部分实际上产生了被动土压力而非主动土压力,而实际上墙顶端不会发生预报值那么大的位移,但计算中如何考虑这一影响因素尚需进一步探讨。

(3) 从图 3-7(a),(b)的预报结果来看,墙体从深约 5 m 处到预报出现最大位移处,其侧向位移预报值与实测值吻合得相当好,说明这一部分墙体的位移增量模型与实际变形情况很一致;而出现最大位移深度以下的墙体,其预报值与实测值的误差较大,尤其是开挖面附近误差达到最大,其原因一方面与墙体最大位移位置的确定有关,另一方面由于我们将土体简化为线弹性模型,这与实际情况有一定的出入。另外由于我们只能根据上一工况反算的 k 值预报下一工况的位移,没有考虑两工况之间挖去土体对土性的改变,也就是说计算所采用的 k 值已经不能完全反映此时的实际情况。从图上还可以看出,出现最大位移深度以下的墙体,其预报值往往小于实测值,随着基坑开挖深度的增加,墙体位移的增大,坑内土体受压程度加深了,其抵抗墙体位移的能力也有所提高,反映在 k 值上,就是同一深度土体其 k 值随开挖深度的增加而增加,而采用上一工况反算的 k 值计算下一工况的位移值不能考虑到这种 k 值的增长效应,故计算往往小于实测值。k 值的这种变化规律以及如何应用于预报中,尚需进一步探讨。

3.2.5　基坑开挖中 k 值变化的一般规律

1. k 值与基坑围护墙体位移间的关系

图 3-9 所示为在三种不同类型土中得出的 k 值与基坑围护墙体位移间的关系曲线。

从图 3-9 中可以得出 k 值与基坑围护墙体位移间具有如下的关系:

$$k = ax^{-b} \tag{3-7}$$

式中　　k——土体侧向基床系数(kN/m^3);

　　　　x——基坑围护墙体侧向位移(mm);

　　　　a,b——参数。

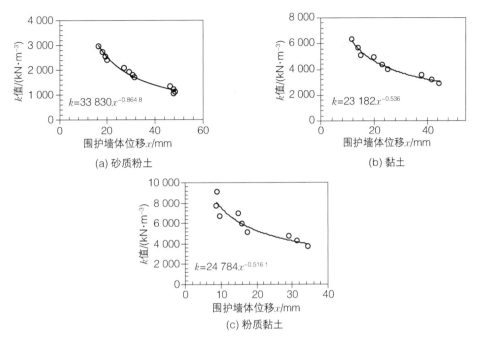

(a) 砂质粉土

(b) 黏土

(c) 粉质黏土

图 3-9　三种不同类型土中得出的 k 值与基坑围护墙体位移间的关系曲线

2. k 值与基坑土体应力间的关系

图 3-10 所示为在三种不同类型土中得出的 k 值与基坑土体应力间的关系曲线。

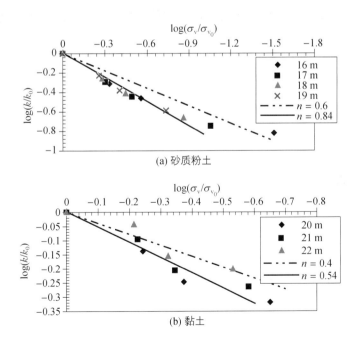

(a) 砂质粉土

(b) 黏土

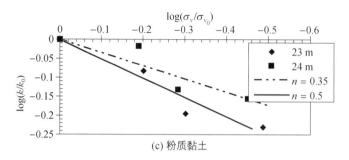

图 3-10　三种不同类型土中得出的 k 值与基坑土体应力间的关系曲线

从图 3-10 可以得出 k 值与基坑土体应力间具有如下的关系:

$$k = k_0(\sigma_v/\sigma_{v_0})^n \tag{3-8}$$

式中　k_0——初始阶段土体的侧向基床系数(规范值,kN/m^3);

　　　k——某一阶段时土体侧向基床系数(kN/m^3);

　　　σ_{v_0}——初始阶段土体的垂直应力(kPa);

　　　σ_v——某一阶段土体的垂直应力(kPa);

　　　n——关系指数。

3.3　基于弹性薄板理论的增量法反馈及实例分析

从上文分析可以看到,弹性地基梁法以其概念清楚、计算方便而应用于工程反馈。但它只能对单位长度的围护墙体进行计算分析,而不能反映整个围护墙体的变形特性。为了研究整个墙体的工作性状,考虑不同墙体几何尺寸对墙体变形的影响,就必须用到板的有关理论,这里采用弹性薄板理论对整个墙体的变形情况进行反馈分析。

3.3.1　弹性薄板的内力及挠度

在弹性力学中,由两个平行平面和垂直于它们的柱面或棱柱面所围成的物体,当其高度小于底面尺寸时称为平板,或简称板;当板厚与板面内的最小特征尺寸之比介于 1/80~1/5 之间时,称为薄板。对于薄板,当全部外荷载垂直于中面时,板主要发生弯曲变形,如果挠度和板厚之比小于或等于 1/5,则认为属于小挠度问题。本书的分析限于弹性薄板的小挠度问题。

薄板小挠度弯曲理论的基本假设由 Kirchhoff(吴家龙,1987)提出,现叙述如下。

(1) 变形前垂直于薄板中面的直线段(法线),在薄板变形后仍保持为直线,且垂直于弯曲变形后的中面,其长度不变,如果将薄板的中面作为 xy 坐标平面,z 轴垂直向下,见图 3 - 11,则有 $\gamma_{xz} = 0$,$\gamma_{yz} = 0$ 和 $\varepsilon_z = 0$。

(2) 与 σ_x,σ_y 和 τ_{xy} 相比,垂直于中面方向的正应力 σ_z 很小,在计算应变时可略去不计。

(3) 薄板弯曲变形时,中面内各点只有垂直位移 w,而无 x 方向和 y 方向的位移,即

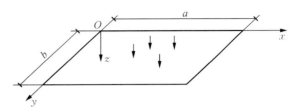

图 3 - 11　四边简支薄板 Navier 解

$$(u)_{z=0} = 0, \quad (v)_{z=0} = 0, \quad (w)_{z=0} = w(x, y)$$

根据这个假设,中面内的应力分量 ε_x,ε_y 和 γ_{xy} 均等于零,即中面内无应变发生。中面内的位移函数 $w(x, y)$ 称为挠度函数。

Navier 于 1820 年提出了著名的简支矩形板弯曲问题的双三角级数解。图 3 - 11 所示四边简支的矩形薄板,边长分别为 a 和 b,受任意分布的荷载 $q(x, y)$ 作用。这一问题的边界条件为

$$(w)_{x=0, a} = 0, \quad (w)_{y=0, b} = 0, \quad \left(\frac{\partial^2 w}{\partial x^2}\right)_{x=0, a} = 0, \quad \left(\frac{\partial^2 w}{\partial y^2}\right)_{y=0, b} = 0 \qquad (3-9)$$

因为任意的荷载函数 $q(x, y)$ 总能展开成双重的三角级数,所以,Navier 用双重的三角级数求解了这一问题。假设

$$w = \sum_{m=1}^{\infty} \sum_{n=1}^{\infty} A_{mn} \sin \frac{m\pi x}{a} \sin \frac{n\pi y}{b} \qquad (3-10)$$

其中,m 和 n 为正整数。显然,它满足了由式(3-9)给出的全部边界条件。现在还需让它满足薄板弯曲的基本方程,即

$$\nabla^2 \nabla^2 w = \frac{q}{D} \qquad (3-11)$$

式中　$D = \dfrac{Eh^3}{12(1-v^2)}$,称为板的抗弯刚度,它的意义与梁的抗弯刚度相似;

q——垂直作用于板中面的荷载。

为此,将式(3-10)代入式(3-11),得到

$$\pi^4 D \sum_{m=1}^{\infty} \sum_{n=1}^{\infty} \left(\frac{m^2}{a^2} + \frac{n^2}{b^2}\right)^2 A_{mn} \sin \frac{m\pi x}{a} \sin \frac{n\pi y}{b} = q(x, y) \qquad (3-12)$$

比较系数并利用三角函数的正交性得

$$A_{mn} = \frac{4}{\pi^4 ab D \left(\frac{m^2}{a^2} + \frac{n^2}{b^2}\right)^2} \int_0^a \int_0^b q \sin \frac{m\pi x}{a} \cdot \sin \frac{n\pi y}{b} \mathrm{d}x \mathrm{d}y \qquad (3-13)$$

代入式(3-10)得挠度表达式为

$$w = \sum_{m=1}^{\infty} \sum_{n=1}^{\infty} \frac{4 \int_0^a \int_0^b q \sin\frac{m\pi x}{a} \cdot \sin\frac{n\pi y}{b} \mathrm{d}x\mathrm{d}y}{\pi^4 abD \left(\frac{m^2}{a^2} + \frac{n^2}{b^2}\right)^2} \sin\frac{m\pi x}{a} \cdot \sin\frac{n\pi y}{b} \tag{3-14}$$

据此,还可以求出板的内力和支座反力。以 Navier 解为基础,可用叠加法求解当板的边界条件发生变化时板的挠度和内力。

3.3.2　弹性薄板的变分求解

在弹性力学中,即使对于较简单的平面问题,当边界条件比较复杂时,要求得到精确解答也是十分困难的,有时甚至是不可能的。因此,对于弹性力学的大量实际问题,近似解法就具有十分重要的意义。这里介绍的变分方法,是近似方法中最有成效的方法之一,而且,它构成了有限元法等数值方法或半解析解法的理论基础。这种方法的本质就是把弹性力学基本方程的定解问题,变为求泛函的极值(或驻值)问题。而在求问题的近似解时,泛函的极值(或驻值)问题又变成函数的极值(或驻值)问题。

由薄板弯曲的小挠度理论中的假设可知,次要应力 σ_z,τ_{xz} 和 τ_{yz} 引起的变形可以忽略,只有主要应力 σ_x,σ_y 和 τ_{xy} 引起变形,而这些应力是由弯矩和扭矩引起的。因此,薄板的应变能可直接用弯矩 M_x,M_y 和扭矩 M_{xy} 在对应的曲率 $-\frac{\partial^2 w}{\partial x^2}$,$-\frac{\partial^2 w}{\partial y^2}$ 和扭率 $-\frac{\partial^2 w}{\partial x \partial y}$ 所作的内力功来表示,即

$$V = -\frac{1}{2} \iint \left(M_x \frac{\partial^2 w}{\partial x^2} + M_y \frac{\partial^2 w}{\partial y^2} + M_{xy} \frac{\partial^2 w}{\partial x \partial y} \right) \mathrm{d}x\mathrm{d}y \tag{3-15}$$

将内力用位移表示,代入式(3-15)得

$$V = \frac{D}{2} \iint \left\{ \left(\frac{\partial^2 w}{\partial x^2} + \frac{\partial^2 w}{\partial y^2} \right)^2 - 2(1-v) \left[\frac{\partial^2 w}{\partial x^2} \cdot \frac{\partial^2 w}{\partial y^2} - \left(\frac{\partial^2 w}{\partial x \partial y} \right)^2 \right] \right\} \mathrm{d}x\mathrm{d}y \tag{3-16}$$

若外荷载所作的功用 W 表示,则有

$$\Pi_1 = V - M \tag{3-17}$$

式中,Π_1 为板总的势能。

根据最小势能原理,运用 Rayleigh-Ritz 法即可求解给定边界条件和给定荷载下的弹性薄板的变形和内力。

3.3.3　工程实例分析

下面仍以第 3.2.4 节的工程实例来说明弹性薄板理论的应用,如图 3-4 所示,选取端头井 c14

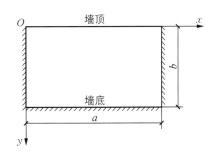

图 3 - 12　边界条件示意图

测点所在的一段地下连续墙进行计算。从这段连续墙的几何尺寸及实测挠度情况来看,满足弹性薄板变形的小挠度条件。可以视它为弹性薄板,运用最小势能原理及变分法,计算它在某一工况下的侧向位移的挠度函数。

选取如图 3 - 12 所示的坐标系,在墙板的非开挖侧作用有地面超载和主动土压力分布荷载,开挖侧受横撑和基坑底部被动区土体的弹簧支撑作用。连续墙两端与另外两面连续墙的竖向交界面视为固定边界,连续墙顶面自由,底部视为固定边界。

选取图 3 - 13 工况的情况,计算此时这段挡墙侧向位移的解析解函数,它由以下两部分叠加而成:①在既定边界条件下不考虑支撑的作用,挡墙在坑外主动土压力和坑内被动区土反力共同作用下的位移;②在既定边界条件下,只考虑支撑作用下挡墙的位移。①和②两者的差值即为挡墙在此工况下的最终侧向位移值。

此工况的主动土压力按第 3.3 节的计算取值,被动区土体水平基床系数 k 的取值也采用此前的反分析结果,如表 3 - 1 所示。支撑的位置如表 3 - 2 所示,支撑的刚度按下式计算

$$K = \frac{EA}{L} \tag{3-18}$$

式中　E——支撑材料的弹性模量,此处为钢支撑,$E = 2.1 \times 10^5$ MPa;

　　　A——支撑的截面积;

　　　L——支撑长度的一半。

其他的相关参数如下:$a = 22.3\,\mathrm{m}$,$b = 37.0\,\mathrm{m}$,开挖面深度 $c = 15.5\,\mathrm{m}$,泊松比 $\nu = 0.18$,混凝土弹性模量 为 2.8×10^4 MPa。

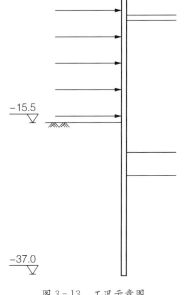

图 3 - 13　工况示意图

表 3 - 2　支撑位置表　　　　　　　　　　　　单位:m

(x, y)	(x, y)	(x, y)	(x, y)	(x, y)
(3.06, 1.5)	(3.06, 5)	(3.06, 8)	(3.06, 11)	(3.06, 15)
(7.12, 1.5)	(7.12, 5)	(7.12, 8)	(7.12, 11)	(7.12, 15)
(10.3, 1.5)	(10.3, 5)	(10.3, 8)	(10.3, 11)	(10.3, 15)
(13.4, 1.5)	(13.4, 5)	(13.4, 8)	(13.4, 11)	(13.4, 15)
(16.4, 1.5)	(16.4, 5)	(16.4, 8)	(16.4, 11)	(16.4, 15)
(19.5, 1.5)	(19.5, 5)	(19.5, 8)	(19.5, 11)	(19.5, 15)

1. 不考虑支撑作用下墙体的侧向位移

先写出位移边界条件：

$$(w)_{x=0} = 0, \ \left(\frac{\partial w}{\partial x}\right)_{x=0} = 0, \ (w)_{x=a} = 0, \ \left(\frac{\partial w}{\partial x}\right)_{x=a} = 0, \ (w)_{y=b} = 0$$

据此，参考吴家龙《弹性力学》以及墙体的变形特征，将挠度表达式取为

$$w_1 = \frac{A_1 x^2 (x-a)^2 (b-y)\left(\sin\frac{\pi y}{b+c} + \sin\frac{\pi x}{a}\right)}{a^4 b} \tag{3-19}$$

显然，它能满足全部位移边界条件，其中 A_1 为待定常数，代入式(3-16)得

$$V = 1\,346.1 A_1^2 \tag{3-20}$$

主动土压力所做的功用 W_1 表示，用 $W_1 = \sum_i \iint q_i w \mathrm{d}x\mathrm{d}y$ 计算。每层土的 q_i 表达式都不相同，积分区域也不相同，具体的取值参考第3.2节的相关内容。经计算得

$$W_1 = 2\,986.8 A_1 \tag{3-21}$$

被动土压力所具有的势能由 $W_2 = \iint 0.5 \times q w \mathrm{d}x\mathrm{d}y$ 求得，因为考虑到被动区土弹簧的受力过程，所以在表达式中乘以系数0.5。

下面对内力功 V 进行修正。在边界条件中，将连续墙两端与另外两面连续墙的竖向交界面视为固定边界，这与实际情况显然有所出入。地下连续墙刚度虽大，但在土压力作用下，还不能使连续墙与连续墙交接的转角处达到理想的固定边界条件，也就是说，在交接处仍会发生不同程度的线位移和角位移，实际上，板在这些边界处的内力达不到理想固支边界条件下的内力大小。因此，有必要对计算出的内力功 V 乘以一个折减系数 α。

由式(3-17)得

$$\Pi = \alpha V - W_1 + W_2 \tag{3-22}$$

多次试算表明，α 的取值一般在 $0.4 \sim 0.6$ 之间，考虑到此时开挖较深，墙体变形较大，墙体转角处的连接相对较弱，故此次计算时取 $\alpha = 0.4$，代入方程 $\frac{\mathrm{d}\Pi}{\mathrm{d}A_1} = 0$，得到 $A_1 = 1.2$。

2. 只考虑支撑作用下的墙体侧向位移

在同样的边界条件下，将此时的墙体位移取为

$$w_2 = \frac{A_2 x^2 (x-a)^2 (y-b)^2}{a^4 b^2} \tag{3-23}$$

其中,A_2 为待定常数。同样由式(3-16)计算出此时的内力功为

$$V = 361.1A_2^2 \tag{3-24}$$

将支撑作为集中力,所做的功按 $W_3 = \sum\limits_i Q_i w_i$ 计算,其中,Q_i 为第 i 个支撑的轴力大小,w_i 为该支撑处对应的位移。经计算得

$$W_3 = 340.8A_2 \tag{3-25}$$

同样由

$$\Pi = \alpha V - W_3 \tag{3-26}$$

取 $\alpha = 0.4$,由 $\dfrac{\mathrm{d}\Pi}{\mathrm{d}A_2} = 0$,得到 $A_2 = 1.18$。

于是,在此种工况下,墙体的总侧向位移值为两种情况的叠加,即

$$w = w_1 + w_2 = \frac{A_1 x^2 (x-a)^2 (b-y)\left(\sin\dfrac{\pi y}{b+c} + \sin\dfrac{\pi x}{a}\right)}{a^4 b} - \frac{A_2 x^2 (x-a)^2 (y-b)^2}{a^4 b^2}$$

$$\tag{3-27}$$

3. 计算值与实测值的比较分析

根据式(3-27)计算出的整个板的变形情况如图3-14所示,C14测点处墙体沿深度方向的变形值和该点实测值大小,以及与第3.2节中弹性地基梁的反馈预报值的比较如图3-15所示。为进一步考察沿长度方向墙体的变形情况,分别对深度为1.5 m,15.5 m和30.5 m处墙体横剖面的变形情况进行计算,如图3-16所示。

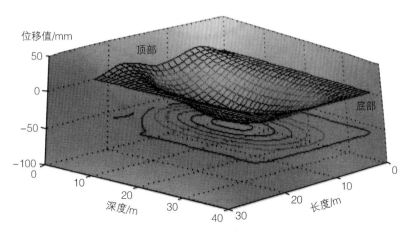

图3-14 围护墙体变形的空间效果

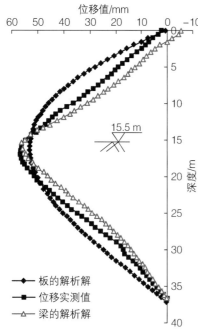

图 3-15 围护墙体位移实测值与
反馈计算值的比较

（1）图 3-14 表明，整个板大体呈现边缘变形小、中部变形大的规律，并且在开挖面以下 2 m 左右达到最大值，这些都与实际变形情况相一致。一般情况下，对墙体的变形情况只能通过现场有限几个点的监测值得到，因而很难从整体上把握墙体的侧向位移情况；通过弹性薄板理论的分析，就能对整块板的变形情况加以了解，从而能更准确地把握地下连续墙的工作性状。

（2）从图 3-15 可以看出，墙体某一断面的位移计算值与实际情况满足相同的变化规律，出现最大位移的墙体深度值基本吻合，位移最大值相差 4 mm。在墙体深度 $y = b/4$ 和 $y = 3b/4$ 处，计算位移值与实测值相差最大，最大处达到 12 mm。造成误差的主要原因是所选取的位移函数虽然完全满足位移边界条件，但只是近似地满足薄板的基本方程，因而计算位移曲线只能大体逼近实测值，而无法处处精确地反映实际位移。

（3）图 3-15 揭示的规律表明，沿墙体深度方向实测位移值的变化较"陡"，而采用薄板理论计算的曲线变化较"缓"。这是因为采用薄板理论计算时赋予了墙体一个位移函数，所以它的光滑性较好；而实际情况下墙体的位移受诸多因素的影响，应该是一个分段函数，所以它的光滑性就要差很多，现在用一个函数表达式来模拟这个分段函数，这样就不可避免地带来了误差。

（4）从图 3-15 可以看到，除开挖面附近外，采用弹性薄板理论计算的结果一般较实测值大，而

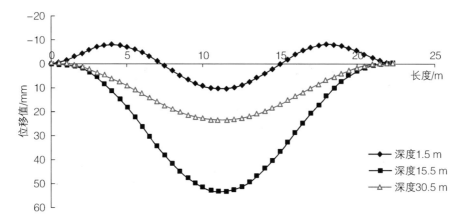

图 3-16 不同深度处围护墙体沿长度方向的变形

采用弹性地基梁计算的结果一般较实测值小,而且采用薄板理论计算的结果与实测值的吻合情况反而略逊于采用弹性地基梁计算的结果,这主要是因为后者的计算用到了上一工况的实测位移值,而前者的计算模型中没有考虑工况变化,这又一次体现了充分重视和利用现场监测数据的重要性。

(5) 从图 3-16 不同深度处墙体沿长度方向的变形来看,深度为 15.5 m 和 30.5 m 处的墙体变形规律遵从两头小、中间大的规律;而 1.5 m 深度处墙体的变形规律则有所不同,它的形状类似于"正弦曲线"。由于连续墙两端(与另外两面连续墙的竖向交界面)和底部视为固定边界,连续墙顶面视为自由,这样较深处的墙体三面都受到较大的约束,因此,一方面变形值较小,另外变形也呈现两端小、中间大的规律;对于开挖面附件的墙体,这种约束作用有所减弱,加之此处土体抗力较小,所以变形较大,变形规律仍然呈现两头小、中间大的势态;到了墙体上部,虽然长度方向两侧仍然有固定边界约束,但由于顶面自由,这种约束作用就要差很多,因而有很大的余地协调整个板的变形,所以在长度方向上位移值有正有负,但绝对值都不大。

(6) 造成计算值和实测值误差的原因还包括:将墙体视为各向同性的弹性体,这与实际情况必然有出入;被动区土体反力采用"k"法确定,且视为弹性体,这与实际情况必然存在偏差;计算内力功时虽然引入了一个折减系数 α,但它的取值如何才能准确反映边界条件所带来的误差,尚需进一步研究。其他还有诸如主动土压力的取值、支撑刚度计算的准确程度等,都会对计算结果带来影响。

3.4 讨 论

(1) 弹性地基梁法可应用于多道支撑的地下连续墙围护结构计算,将坑内土体用一系列的土弹簧模拟,其应力应变简化为线弹性是可行的,用于工程计算时能满足精度要求。

(2) 坑内土体的水平基床系数 k 值的确定至关重要,本章提出了一种计算 k 值的反馈方法,即先对上一工况的实测位移值进行多项式拟合,然后反算出墙体内力(主要是剪力),再将墙体划分为若干单元,由静力平衡条件求得每段土体的 k 值。通常采用的"m"法假定开挖面处的土体水平基床系数为零是不尽合理的,从反算的 k 值来看,开挖面处土体的水平基床系数具有相当的大小,其提供的土反力不容忽视;通常采用的"m"法假定同一土层中 k 值沿深度呈线性增加也与实际情况有一定出入,尤其在开挖面以下 4 m 左右范围内,k 值沿深度减小,只是减小的幅度不大,然后 k 值才随深度增加逐渐增大,而且增加趋势也非线性。另外从反馈的 k 值来看,随着基坑开挖深度的增加,同样深度处的土体 k 值也有所增加,说明随着基坑开挖深度的增加、墙体位移的增大,坑内土体反力得到了更充分的发挥。

(3) 增量法可以合理可靠地模拟施工过程。本书提出了这种位移增量模式,它考虑了连续墙体的刚度效应,将变形方式设为线性,确定了墙体出现最大位移值的位置,并且考虑了支撑设置对墙体变形的影响,只需由静力平衡条件即可确定增量荷载作用下的挡墙变形,大大简化了计算。从工程计算实例来看,这种计算方法能取得较理想的效果。

(4) 采用弹性薄板理论计算的最大优点在于可以对整块板的变形情况加以了解,不仅仅局限于沿墙体深度方向的变形情况,同样可以了解墙体沿长度方向的变形情况。虽然采用的变分解只是满足边界条件的一族函数中最为接近的位移解,但从计算结果来看,它与实际变形情况能较好地吻合,说明这种近似的位移解析解法是合理可行的。

(5) 弹性地基梁法和弹性薄板理论两种计算方法相比,前者用到了上一工况的实测位移值而后者没有,因此前者计算墙体沿深度方向的变形精度要优于后者。一般来说,弹性地基梁计算的结果要小于墙体实测位移值,而弹性薄板理论的计算结果往往大于实测值。

(6) 采用弹性薄板理论对墙体变形进行分析时,由于实测位移值不可能包括整个板的变形情况,因而无法用与第 2 章类似的方法通过反分析确定被动区土体的水平抗力系数在整个墙后的空间分布。这样,由于不能合理地确定 k 值,所以在很大程度上影响了对墙体位移计算的准确程度。

(7) 采用弹性薄板理论对墙体变形进行分析时,同样由于缺乏整块板在上一工况的实测位移值,因而无法用增量法对开挖工况进行模拟。也就是说,采用本章的方法计算某一工况时,是基于土体一次性开挖到底的假设,不能考虑施工工序对墙体变形的影响。

(8) 由于基坑工程自身的复杂性,许多物理力学参数的选取若采用原始地质报告提供的数据或依赖于经验值,其计算结果往往难以令人满意。增量法始终强调现场实测数据的重要性,并强调实测数据的更新,通过反馈确定土体的物理力学参数值,这样才能更好地反映当前工况下土体的实际力学状态,计算结果也更接近于实测值。

第 4 章 时 效 反 馈

对于软弱岩土体中的地下工程，岩土体的时间效应引起的岩土体或支护结构的变形是不容忽视的。本章以现场工程监测数据为基础，应用各种时效计算方法，介绍对由于土体流变而引起的位移进行时效反馈以及其在具体工程中的应用。

在软弱岩土体中的地下工程,岩土体的时间效应引起的岩土体或支护结构的变形是不容忽视的。目前预测这种效应引起的变形主要有两类方法:一是根据土体服从的流变模型,采用数值模拟或解析方法来计算;二是应用回归分析、时间序列分析、灰色系统分析、神经网络等方法来预测。由于地下工程受复杂的地质条件、设计施工方案等诸多因素的影响,且由于岩土体在开挖中其力学性态不断变化,遵循的流变模型也在不断变化,因此,采用一种流变模型与实际情况是不相符的;另外,采用流变模型,其力学参数的确定一般只能根据少量岩土样本的室内实验提供,正分析后其结果的可靠性还有待考证。而以现场监测数据为依据的反馈分析方法,可考虑工程时效性的实际工况,实施动态设计和信息化施工。时效变形是由于岩土层介质固有的时效特点引起的变形,采用流变理论模拟计算、经验回归方法、时间序列方法、灰色系统或神经网络是较常采用的时效变形计算方法。

本书主要就时间序列方法、基于黏弹性理论的时效反馈方法予以分析,并结合工程案例说明其应用。为此本章以现场量测数据为基础,通过各种时效计算方法在地下工程开挖中的应用,对由于土体流变而引起的位移进行时效反馈预报。

4.1　经验回归方法

经验回归方法,是在考虑预测对象发展变化本质的基础上,分析因变量随时间变化的关联形态,借助经验建立它们因果关系的回归方程式,描述它们之间的平均变化数量关系,据此进行预测。由于经验回归方法在一般的著作中已有较详细的叙述,在此不再赘述。

4.2　时间序列方法

时间序列方法就是通过研究时间序列来探求实测的数据随时间变化的规律,得到数据的历史演变规律与趋势,并以此为依据预报在未来时间里的数据变化。时间序列分析的目的,就是运用统计学原理得出数据随时间变化的规律,用于估计和预测。时间作为自变量进入模型,其意义表面上是表示系统随时间而自发的变化,实际上是代表了决定系统变化的诸因素的联合影响。尽管从表面上看,时间序列分析不考虑事物之间的因果关系和结构关系的影响,但事实上,由于它考虑了多种作用因素的综合作用,可以不必过多地考虑土体内部的复杂结构和物理机制,相对于其他的预报方法,时间序列法就显得更加简单方便。

4.2.1 时间序列模型的建立

所谓时间序列,就是指工程系统中某一变量或指标的数值或统计观测值,依据时间顺序排列起来的有序数据集合 x_1, x_2, $\cdots$, x_n,用于表示某种现象随时间的变化过程。如以土体变形为例,以 X_t 表示土体在时间 t 时的变形量,则按照某种时间单位把 X_t 排列起来就构成了变形时间序列。

通常工程系统变量变化的动态过程分为两类:一类是可以用时间 t 的确定函数加以描述,称为确定性过程;另一类是没有确定的变化形式,也不能用 t 的确定函数加以描述,但是可以用概率统计方法寻求合适的随机模型来反映变化规律,这种过程称为随机过程。而时间序列是一随机过程,地下工程中涉及的各测点监测数据的时间序列都是工程外部表观的随机过程的一个样本,通过对样本的分析研究,找出动态过程的特性、最佳的数学模型、估计模型参数,并检验利用数学模型进行统计预测的精度,这就是地下工程时间序列反馈分析的过程。随机过程的类型很多,可分为线性模型和非线性模型两大类,这些模型都要求时间序列来源于均值不变的平稳过程。

目前用于地下工程变形预测的一般采用线性模型。线性模型主要包括自回归($AR(n)$)模型、滑动平均($MA(m)$)模型和自回归滑动($ARMA(n, m)$)模型等。它所适合的序列性质简单,通常多属正态分布,具有良好的统计特性;另外,它的模型形式简单,只需确定阶数和参数,模型就能完全确定。

给定长度为 n 的时间序列 x_1, x_2, $\cdots$, x_n,应用线性模型来进行建模时,步骤如下:

(1) 数据准备:给出时间序列样本并进行必要的数据处理。

(2) 模型识别:通过分析、考察时间序列样本,判别该序列应属于 $AR(n)$, $MA(m)$ 和 $ARMA(n, m)$ 中的何种模型,且其阶数 n, m 各是多少。

(3) 参数估计:根据确定的模型形式,采用一定方法估计其中的参数 ϕ_i, θ_i 等。

(4) 模型检验:由上述步骤获得的模型,必须通过统计方法来检验其合理性。

(5) 模型预测:应用通过检验的模型,对工程系统对象未来时刻的状态进行预测。

4.2.2 时间序列法预报的过程

以自回归滑动平均模型(autoregressive and moving average model)为例,即 $ARMA(n, m)$ 模型,设时刻 t 的观测值为 X_t,则有

$$X_t - \phi_1 X_{t-1} - \phi_2 X_{t-2} - \cdots - \phi_n X_{t-n} = a_t - \theta_1 a_{t-1} - \theta_2 a_{t-2} - \cdots - \theta_m a_{t-m} \tag{4-1}$$

式中 X_t——平稳均值序列,也正是表征现象的观测值序列,如果观测值序列不是零均值,则须零值化;

a_t——残差,也叫冲击,是表征误差的一个量,它的物理意义是下一步预报的误差,$a_t \sim NID(0, \sigma_a^2)$;

ϕ_1,ϕ_2,$\cdots$,ϕ_n,θ_1,θ_2,$\cdots$,θ_m——模型参数。

式(4-1)中的参数没有明显的物理力学意义,通过量测数据来反馈。如当地下工程停止开挖时,即不考虑开挖空间效应下,岩土体位移的发展主要由流变引起,而岩土体的流变过程可看作是一纯时间效应的过程,因此采用时间序列理论是可以模拟的。即将一系列的位移观测值作为 X_t 序列,然后用统计学的相关理论确定这一系列 X_t 所满足的最佳 $ARMA(n, m)$ 模型的参数。在模型相关参数确立的基础上,就可以对未来的位移值,即式(4-1)中的 X_t 值进行预报。根据时间序列分析原理,在已知等时间间隔观测值 X_t,X_{t-1},X_{t-2},$\cdots$的条件下,就可以预报 X_{t+1},X_{t+2},$\cdots$的值。假设从 X_1 到 X_t 的值都通过实测值得到,那么只需在式中用 $t+1$ 代替 t,通过解方程即可求得下一个时间段的岩土体或支护结构位移的预报值。同理,X_{t+2},X_{t+3},$\cdots$的值也可以通过解方程求得。由于模型 $ARMA(n, m)$ 的数据结构事先已给出,因此用时间序列方法建模实质上是根据观测资料确定 n,m 值和 ϕ_1,ϕ_2,$\cdots$,ϕ_n,θ_1,θ_2,$\cdots$,θ_m 值的问题。其模型阶数和参数确定方法可参考相关时间序列文献。

采用时间序列法对岩土体或支护结构进行预报是一个数学过程,一般通过计算机程序来实现,时间序列预报流程框图见图 4-1。

现以第 3.2.4 节的工程实例即上海市黄浦江行人隧道浦东竖井出入口深基坑工程为例,并以围护结构在 1998 年 6 月份至 7 月份的墙体变形情况为对象,对时间序列方法用于分析和模拟变形时间效应的具体过程予以说明,并对预报中产生的误差加以分析。

从 1998 年 6 月 14 日到 7 月 8 日这段时间里,该基坑由于临近地铁 2 号线的推进施工,基坑没有进行开挖,也就是说这段时期内一直停留在基坑挖深为 15.5 m 的情况下。因此,其他因素对基坑变形造成的影响较小,这时基坑的变形主要由于土体的时间效应引起,因而运用时间序列预报法进行预报也比较理想。以端头井 c14 测点为例,对该工况进行研究,取墙体竖直方向不同深度的点,分别计算其侧向位移值,在此基础上对整个墙体进行时间序列预报与分析。

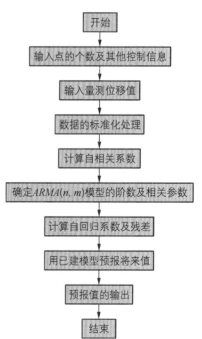

图 4-1 时间序列法预报的流程图

1) 墙体某点变形的时间序列分析

取 c14 测点不同深度的几个点进行预报分析,预报时采用的是一步步长预报法。所谓步长,是指一系列观测数据的时间间隔。在本工程计算中,由于墙体侧向位移值均是每天观测得到的,所以步长为一天。在多天的实际观测位移值的基础上,可以对后一天的墙体侧向位移值进行预报,也可以对后两天、后三天甚至更远的时间进行预报。一步步长预报法,就是说,每一次预报时都用到了最新的实测资料,每一次的预报结果都只是在所有实测值的基础上向前推进一步。预报值的起始时间为 1998 年 6 月 27 日。几个典型深度的点的一步步长预报结果分别如图 4-2—图 4-5 所示。

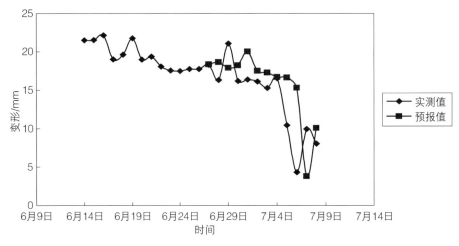

图 4-2 6 m 处实测位移值与预报位移值的比较

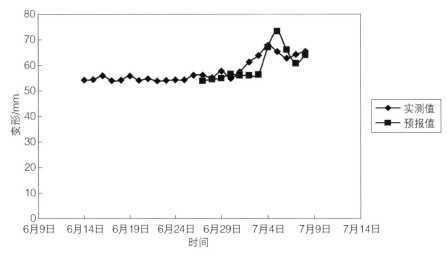

图 4-3 16 m 处实测位移值和预报位移值的比较

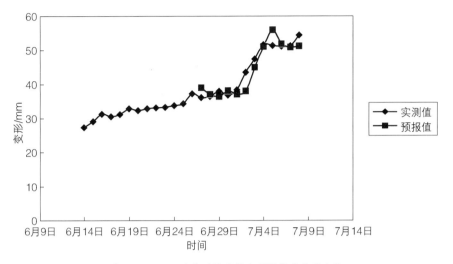

图 4-4 26 m 处实测位移值和预报位移值的比较

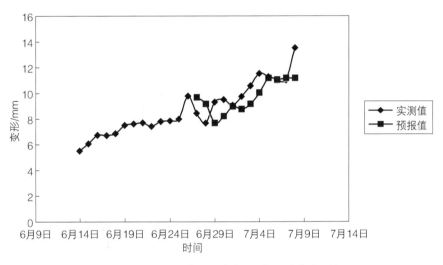

图 4-5 34 m 处实测位移值和预报位移值的比较

2) 墙体某断面变形的时间序列分析

对基坑挡墙上每隔 2 m 深度处的点进行点的时间序列预报,然后再用光滑的曲线连接它们,就得到了对整个挡墙在某一断面的侧向位移预报结果。根据计算方法的不同,有如下两种预报结果。

(1) 一步步长预报法。图 4-6 为 6 月 27 日和 7 月 2 日的墙体预报侧向位移值与实测值的比较。

(2) 多步步长预报法。为进一步探讨预报步长对预报结果的影响,计算时将预报步长取为 4,对 6 月 29 日的墙体侧向位移值进行预报,并与一步步长的预报结果进行比较,如图 4-7 所示。

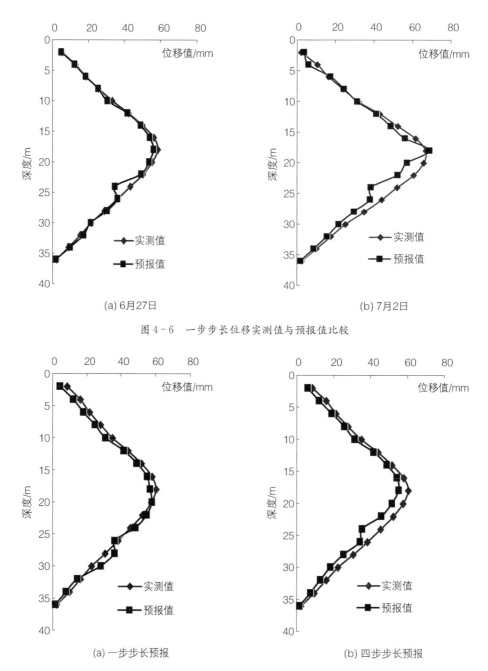

(a) 6月27日   (b) 7月2日

图 4-6　一步步长位移实测值与预报值比较

(a) 一步步长预报   (b) 四步步长预报

图 4-7　6 月 29 日不同步长预报值与实测值比较

通过上述采用时间序列方法对基坑工程墙体变形预报,讨论如下:

1) 墙体某点变形的时间序列预报分析

(1) 从图 4-2—图 4-5 中可以看到,墙体侧向位移预报值与实测值比较接近,预报的数据曲线与实测的数据曲线在形状上比较一致,说明时间序列法可以较好地模拟基坑开挖中的挡墙水平位移。

(2) 预报曲线与实测曲线相比有"滞后性"。回归模型对过去的数据有依赖性,尤其是最近数据的影响尤为巨大。反映在图上,当后一个数据和前一个数据比发生较大变化时,因模型还处于原先数据所具有的趋势时的状态,因此,预报值不能马上体现出数据的突变;而当模型已经"感受"到这种突变时,模型也开始沿着新的趋势变动。这种预报数据总比实测数据滞后的现象称为滞后性。图 4-2 中实测数据在 6 月 29 日出现高峰,而预报数据则在 7 月 1 日产生峰值,其后预报数据随即下落。其他图上也可以清楚地看出这种滞后性对预报数据的影响。

(3) 从预报效果来看,位于基坑围护结构中部的点其预报效果较为理想,而围护结构两端的预报效果较差。也就是说,用时间序列法进行预报时,预报效果的理想程度从墙体中部到两端呈递减趋势。这说明,当开挖停止时,墙体的侧向位移增长是由多方面决定的,对于墙体中部的土体,其侧向位移值较大,土的流变效应更强,因而时间效应占主导作用,从而用时间序列法预报较为准确;而墙体两端土体的流变性较小,时间效应对其位移的发展相对影响较小,因而用时间序列法预报的效果相对要差一些。

2) 墙体某断面变形的时间序列预报分析

(1) 从预报结果来看,一步步长预报法所得到的结果比较理想,预报值与实测值的差异能满足工程实际的需要。从多步步长预报结果来看,由于它建模时没有用到最新的实测数据,不能反映数据的最新变化趋势,所以预报结果相对要差许多。说明不仅要重视实测数据的作用,而且要注重实测数据的更新频率。

(2) 从图 4-7 来看,虽然一步步长预报的效果整体上要优于多步步长的预报结果,但在沿墙体的不同深度处,表现的程度却大有差异。在墙体中部,即从 15～25 m 深度处,一步步长预报的误差比四步步长的预报误差要小得多,最小的时候只有四步步长误差的 8%。而在墙体两端,一步步长的预报结果与四步步长的结果相差甚小,并没有优化多少。这仍说明时间效应对墙体两端土体位移发展的影响相对中部要小些,因为时间效应规律不明显,所以步长的变化对预报结果的影响也不明显。

(3) 从图 4-6 来看,同样都是一步步长预报,6 月 27 日的预报效果要好于 7 月 2 日。这是由于时间序列法预报具有滞后性,当数据变化规律相当平稳时,滞后性不会反映在预报结果中,预报的准确性就大大提高;当数据变化的平稳性较差时,时间序列预报法很难反映数据近期的变化规律,因而滞后性明显,预报结果的准确性自然就差了。以本工程为例,之所以 7 月 2 日的预报效果比 6 月 27 日的要差,是因为在 6 月 28 日左右,地铁 2 号线 8 号盾构的推进由远及近,已对本基坑的影响达到了不容忽视的程度,6 月 28 日到 7 月 1 日这几天的实测资料的变化规律与以前相比发生了较大变化。由于 6 月 27 日的预报计算没有用到这些数据,故预报结果较好;而 7 月 2 日的预报计算要用到这些数据,此时时间序列预报法的滞后性就明显表现出来了,所以预报结果就要差些。

4.3 流变时效的反馈分析

建筑于软土地基上的地下工程,由于软土明显的时效特性,最容易导致地下工程发生过大的长期沉降,对地下工程长期安全运营构成潜在的威胁。另外,由于地下工程施工对于岩土体的扰动,长期的运营载荷及周围的环境,使地下工程的力学性能也发生一定的变化。为确保地下工程的安全运营,在运营期间都要有不同程度的长期监测,根据监测的数据来对地下工程运营性能予以把控。本节主要根据监测的数据,对已经扰动的地层土体进行反馈(反分析),得到运营状态下的扰动地层所服从的时效模型及变形力学特性参数,进而根据反馈的模型和参数对地下工程进行预报。

4.3.1 软土时效变形模型及选择

一般地,描述土体黏弹性变形规律的模型主要是由弹性模型(虎克弹簧)和黏滞性模型(牛顿黏壶)两个模型经过简单的串联和并联构成 Maxwell 模型、Kelvin 模型、三单元模型及 Burgers 模型,而其余更多的各种模型都是利用上述四种模型再进行串联或并联得到。不同模型的选择,一定需要针对所分析的地下工程周围土体的变形力学特性,开展详细的时效模型选择研究。Maxwell 模型能够反映土体的瞬时黏弹性变形,但不能反映变形随时间逐步稳定的性质。Kelvin 模型虽然能够反映土体随时间的变形稳定性,但却不能同时反映土体的瞬时弹性变形。三单元模型不仅能够反映土体的瞬时弹性变形而且能够反映土体随时间逐步稳定的黏弹性变形。Burgers 模型同时反映了土体的瞬时弹性变形和定长蠕变。关于详细的黏弹性模型及更多的时效性模型,可以参考相关的文献。

4.3.2 黏弹性位移反分析

下面以最为普遍采用的三单元模型来模拟黏弹性位移分析。

1. 黏弹性位移反分析的数值方法

黏弹性位移反分析的数值方法步骤如下:

(1) 首先按黏弹性位移反分析确定流变模型及参数;

(2) 用反分析参数进行黏弹性正演,求得各时刻的位移并同已有量测结果比较以检验其正确性;

(3) 在检验表明计算误差在容许限度内时,即可进一步正演预测未来不同时刻位移。

黏弹性应变可视为弹性应变 $\{\varepsilon^e\}$ 和蠕变应变 $\{\varepsilon^v\}$ 两部分,即 $\{\varepsilon\} = \{\varepsilon^e\} + \{\varepsilon^v\}$,并有

$$\{\varepsilon^e\} = [C]\{\sigma\} = \frac{1}{E_0}[C_0]\{\sigma\} \qquad (4-2)$$

$$\{\varepsilon^v\} = \frac{1}{E(t)}[C_0]\{\sigma\} \qquad (4-3)$$

式中　$E(t)$——姑且称为"黏弹性模量";

　　　$[C_0]$——泊松比矩阵,并有 $[C_0] = [D_0]^{-1}$。

　　式(4-2)和式(4-3)有相似的形式,依照线弹性位移反分析的推导得到弹性位移反分析的公式为

$$\{u^m(t)\} = [A]\{\bar{\sigma}^0(t)\} \qquad (4-4)$$

式中

$$\{\bar{\sigma}^0(t)\} = \frac{1}{E_t}[\sigma_x^0 \quad \sigma_y^0 \quad \tau_{xy}^0]^T \qquad (4-5)$$

$$E_t = E_0 E(t)/[E_0 + E(t)] \qquad (4-6)$$

　　向量 $\{u^m(t)\}$ 为任一时间 t 时在各测点的位移,m 为测点数目,E_t 称为"综合模量",它表明流变模型各参数的综合效应。对于不同的流变模型 $E(t)$、E_t 的具体表达式及其推导可在相关文献中找到。式(4-2)的最小二乘解为

$$\{\sigma^0(t)\} = ([A]^T[A])^{-1}[A]^T\{u^m(t)\} \qquad (4-7)$$

　　由此可求得初始地应力 $\{\sigma^0\}$ 及综合模量 E_t,进而根据相应模型的 E_t 及 $E(t)$ 的表达式,利用优化方法或回归分析,从 E_t 中分离出各参数。

2. 黏弹性位移反分析的解析方法

　　三单元模型来模拟该类土的变形规律,三单元模型计算参数相对较少,计算简便。计算中假定土体沉降中的体积变形符合弹性关系,而剪切变形符合三单元模型变形规律,由此反演分析土体的黏弹性参数并对其沉降进行预测。

　　根据弹性-黏弹性对应性原理,以弹性半空间条形荷载作用下的地基沉降的弹性解答为基础,并利用黏弹性本构关系的 Laplace 变换,就可以得到黏弹性半空间在条形荷载作用下的沉降计算方法。半无限体表面的沉降弹性解为

$$w = \frac{1-\mu^2}{E}pa\omega \qquad (4-8)$$

式中　μ——土体泊松比;

　　　E——土体的弹性模量;

　　　p——作用在黏弹性地基上的条形均布荷载;

　　　a——条形荷载作用宽度;

　　　ω——沉降影响系数。

通过对应性原理和 Laplace 变换得到黏弹性地基的沉降解：

$$w(t) = \frac{paw}{4}\left[\frac{A}{B} + \frac{3A}{3KA+B} - \frac{1}{E_2}\mathrm{e}^{-\frac{E_1}{\eta_2}\cdot t} - \frac{3E_1^2}{(3K+E_1)(3KA+B)}\mathrm{e}^{-\frac{3KA+B}{(3K+E_1)\eta_2}\cdot t}\right] \qquad (4-9)$$

式中，$A = E_1 + E_2$，$B = E_1 E_2$，E_1，E_2，η_2 分别表示土体的弹性模量和黏滞系数；K 为体积模量。

式(4-9)又可以表示为

$$w(t) = \frac{paw}{4}J(t) \qquad (4-10)$$

式中，$J(t)$ 为假设为黏弹性地基的等效蠕变柔量。

图 4-8　宁波甬江沉管隧道

4.3.3　工程实例分析

1. 工程概况

图 4-8 为宁波甬江沉管隧道，是我国大陆第一条建于软土地基上的沉管隧道。甬江隧道的位置距甬江出海口处约 2 km，隧道轴线位于甬江河段转弯处。甬江江面宽 330 m，主航道宽 80 m，北岸为凹岸，主航道距北岸边约 50 m。隧道全长 3 821.98 m，为单管双车道结构。其中沉管段全长 420 m，由 5 节沉管段连接而成，见图 4-9。整个工程于 1987 年 6 月 20 日正式动工兴建，至 1995 年 9 月建成通车，历时 8 年 3 个月。经过多年的运营再加上施工时存在

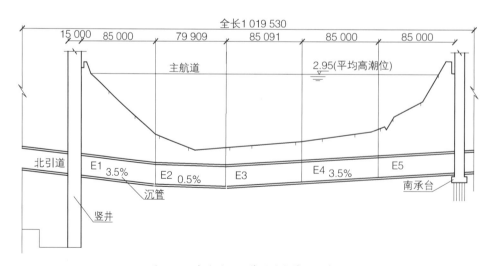

图 4-9　宁波甬江沉管隧道各管段分布图

的问题,沉管隧道发生了一定程度的不均匀沉降。现行的沉管隧道的设计,一般采用弹性地基梁理论,不能反映沉管隧道的长期沉降随时间不断发展的特点。为此对本工程实例进行分析,旨在将反馈方法应用于该水下沉管隧道,利用现场实测沉降并综合考虑沉管隧道的工程地质条件,采用黏弹性位移反分析的解析方法,建立沉管隧道沉降的黏弹性模型,反演沉管地基黏弹性参数,并以此预测沉管隧道的后期沉降。

2. 隧道地基土体的时效性模型选择

考虑到甬江沉管隧道在施工后局部经过一定的地基处理,而且计算参数较少、计算简便,这里采用三单元模型来模拟该沉管隧道地基土体的变形规律。计算中假定土体沉降中的体积变形符合弹性关系,而剪切变形符合三元件模型变形规律。三单元模型示意图如图 4-10 所示。

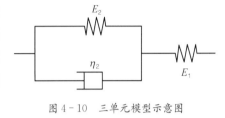

图 4-10 三单元模型示意图

3. 黏弹性参数的优化反演分析

建立了地基沉降计算的模型之后,理论上就可以反演出地基的各项黏弹性参数,但事实上由于等效蠕变柔量 $J(t)$ 是一个非线性幂指数函数,对此采用优化方法进行反演分析,具有一定的困难,并且有可能引起优化反演计算的收敛性问题。考虑到以下两个因素,就可以对该沉管隧道的计算进行简化:①地基受力,沉管隧道地基不像房屋地基在使用过程中受到一个长期稳定的荷载作用,在沉管隧道的运营过程中,主要受到车辆荷载和潮汐的影响;②地基土的特性,沉管隧道地基位于水下 20 m,地基土为饱和流塑状海相沉积的淤泥及淤泥质黏土,含水量达到 50%,液性指数为1.49,孔隙比为 1.392,地基土体的渗透系数较小。因此,计算中可以不考虑体积变形,这样的假设不会给沉降计算带来很大影响。经过假定以后,等效变形模量就可以简化为

$$J(t) = \frac{E_1 + E_2}{E_1 E_2} - \frac{1}{E_2} \mathrm{e}^{-\frac{E_2}{\eta_2} \cdot t} \tag{4-11}$$

为便于分析,在黏弹性参数的反演分析过程中假定泊松比 μ 不随时间变化,将 $\frac{E_1 + E_2}{E_1 E_2}$,$\frac{1}{E_2}$,$\frac{E_2}{\eta_2}$ 作为待反演参数,并分别记为 x_1,x_2,x_3。优化分析计算中取目标函数为

$$f(x) = \min \sum_{i=1}^{m} [J(t) - J_i]^2 \tag{4-12}$$

式中,$J(t)$ 为 t 时刻通过式(4-11)计算得到的蠕变柔量,J_i 为通过实测值得到的蠕变柔量,m 为每一测点的实测沉降次数。利用式(4-12)即可得到各反演参数 x_1,x_2,x_3,通过各参数间的相互关系就可求得 E_1,E_2,η_2。

4. 沉管隧道的后期沉降预测

该沉管隧道运营期间的沉降观测表明,隧道发生下沉并有不均匀沉降,因此在地基黏弹性参数

的反演分析中,针对隧道不同的沉降区间分别反演其地基参数,以预测隧道后期的总体沉降和不均匀沉降情况。按照沉降大小将隧道的沉降区间分为三段,计为 E2—E3 段、E3—E4 段和 E4—E5 段,其沉降的监测结果分别如表 4-1、表 4-2 和表 4-3 所示。

表 4-1 E2—E3 段沉管隧道的沉降

测量日期	1998-1-29	1998-4-27	1998-6-26	1998-7-23	1998-10-8	1998-12-5	1999-4-18	1999-10-10	2000-7-4	2000-8-31
沉降/mm	-6.4	-10.65	-11.48	-12.08	-12.13	-14.09	-15.95	-21.25	-23.61	-26.01

表 4-2 E3—E4 段沉管隧道的沉降

测量日期	1997-4-22	1997-8-4	1997-11-19	1998-1-29	1998-5-27	1998-12-5	1999-4-18	1999-10-10	2000-4-27	2000-8-11
沉降/mm	-35.7	-39.63	-45.4	-48.99	-51.39	-50.06	-52.54	-54.38	-53.3	-56.28

表 4-3 E4—E5 段沉管隧道沉降

测量日期	1997-5-21	1997-11-19	1997-8-4	1998-1-29	1998-5-27	1998-12-5	1999-4-18	1999-10-10	2000-4-7	2000-8-31
沉降/mm	-38	-51.95	-43.23	-56.74	-64.46	-71.91	-76.15	-77.54	-79.8	-80.78

注:由于计算中不计沉管隧道本身的变形,因此,沉管隧道的沉降也等于地基的沉降。

沉管施工受各种复杂因素影响,诸如挖槽、清淤及各种临时施工荷载的影响,使地基沉降没有统一的规律,地基土的性质在沉管施工阶段和运营阶段也有较大不同,因此,施工期间不论受力状态还是地基情况都与正常运营阶段有很大不同。此处主要在于沉管隧道的后期沉降预测,在计算中不考虑施工阶段沉降的影响。

从表 4-1、表 4-2 和表 4-3 可以看出,各区间之间的沉降差别相当大,例如,E4—E5 段的沉降量是 E2—E3 段沉降的 3 倍多,在如此大的差异沉降下,分段反演地基参数就能比较真实地反映地基土的特性,合理预测沉管隧道的后期沉降。反演得到的地基参数如下:

$$E2—E3 \text{ 段}:E_1 = 69.11 \text{ MPa}, \ E_2 = 20.317 \text{ MPa}, \ \eta_2 = 8\,930.6 \text{ MPa} \cdot \text{d}$$
$$E3—E4 \text{ 段}:E_1 = 12.4 \text{ MPa}, \ E_2 = 19.4 \text{ MPa}, \ \eta_2 = 4\,853.3 \text{ MPa} \cdot \text{d}$$
$$E4—E5 \text{ 段}:E_1 = 11.6 \text{ MPa}, \ E_2 = 9.824 \text{ MPa}, \ \eta_2 = 3\,434 \text{ MPa} \cdot \text{d}$$

从反演得到的参数来看,E4—E5 段地基接近天然地基,而其他管段的地基都明显得到了改善。利用上述反演参数得到的沉降预测值与实测值的比较示意如图 4-11—图 4-13 所示。

由图 4-11—图 4-13 可以看出,利用黏弹性参数预测到的隧道沉降和实测沉降基本吻合,尤其是在 E4—E5 段隧道地基相对较软弱的情况下,地基的变形明显具有流变特性。从预测结果来看,E2—E3段、E3—E4段和E4—E5段最大沉降分别达到-28.3 mm、-58.3 mm和-83.136 mm。若以沉降达到0.001 mm/d作为判断沉降稳定的标准,E2—E3段达到该沉降速率需要2年半时间,E3—E4段需要将近5年的时间,而E4—E5段则需要将近10年的时间。由此可以看出,地基土性质不同对沉管隧道的沉降及沉降发展时间的影响相当显著,因此,在地基参数的反演分析中采用了分段反演的方法是合理的,同时也说明地基土性质的改善可以明显改善沉管隧道的沉降。

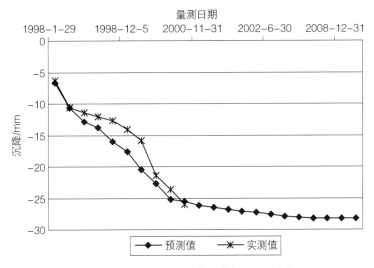

图 4-11 E2—E3 段隧道沉降实测与预测值

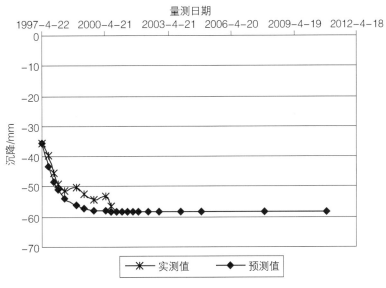

图 4-12 E3—E4 段隧道沉降实测与预测值

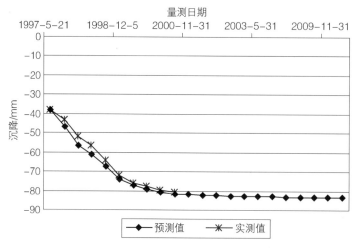

图 4 - 13 E4—E5 段隧道沉降实测与预测值

为了检验预测结果合理与否,这里采用了最终沉降估算最常用的双曲线经验方法进行了预测,预测中假定沉管的沉降—时间服从如下双曲线关系:

$$S_t = \frac{St}{t + a} \tag{4-13}$$

式中 S_t——某时刻对应的沉降;

S——最终沉降;

a——待求参数。

根据实测数据,取任意两组观测数据或利用优化方法对式(4-13)都可以进行参数求解,进而可以预测最终沉降及任意时刻的沉降。上述两种方法得到的最终沉降的预测值及稳定时间对比如表4-4所示。

表 4 - 4 沉降预测及稳定时间对比表

预测方法	E2—E3 段			E3—E4 段			E4—E5 段		
	最终沉降/mm	固结度	稳定还需时间/年	最终沉降/mm	固结度	稳定还需时间/年	最终沉降/mm	固结度	稳定还需时间/年
反分析	28.3	92%	2.5	58.3	97%	5	83.136	97%	10
双曲线	28.66	91%	2.5	56.8	99%	6	84.75	95%	11

注:沉降稳定的判断标准为沉降速率达到 0.001 mm/d。

从表 4 - 4 可以看出,运用反分析方法和经验双曲线方法得到的预测结果基本相似,说明了反分析方法用于预测沉管地基沉降的可行性,不同于双曲线经验方法的是由于反分析能够得到沉管地基的物理力学参数,因此就能够在此基础上对沉管隧道作出评价,以确定是否需要对地基进行加固及合理的加固形式和范围。

第 5 章 不确定性动态概率反分析

不确定性的动态概率反分析是针对岩土体的复杂不确定性,考虑了工程参数的先验信息,采用处理不确定性问题的相应方法,使反分析更能反映实际的不确定性情况。本章主要介绍基于贝叶斯的概率直接法反分析以及随机逆反分析方法。

地下工程周围的岩土体是一种复杂的天然地质体,其本身就是一个不确定及不确知的系统,人们对其认识尚存在一定的模糊性,其物性参数、本构模型及计算边界条件(地应力等)均难以准确确定,而且量测的位移等也是一个含误差的不定值,因而企图对岩土工程问题进行确定性反分析严格意义上讲是不合理的。考虑到岩土体的不确定性,另一类非确定性反分析应运而生。不确定性反分析考虑了岩土工程问题的一些先验信息,采用处理不确定性问题的相应方法,使反分析更能反映实际情况。

5.1 不确定性反分析的必要性及进展

5.1.1 不确定性反分析的必要性

地下工程的稳定与许多因素有关,如地层形成、介质特性及施工等。工程师总是试图事先确定上述因素,然后建立某种物理数学模型,利用各种解析方法、数值分析方法和地质力学模型试验等评价隧道围岩稳定性并确定出最优开挖支护方案。但是,岩土体经多次地质作用,使其各种因素均呈现出极为复杂的特征。首先,地应力的分布往往是千差万别的,少数测点提供的资料往往难以反映整个工程区域地应力的总体分布规律,而费用昂贵的地应力量测又在经济上难以承受增加过多测点。其次,岩土体是非均质、各向异性的,在力学性质上表现出明显的非线性,所以任何一种本构模型及破坏准则都难以做到与岩土体性质完全符合。再者,不论是现场原位测试还是室内模型试验,其加卸载过程与岩土体形成及开挖过程都不可能相同,所取得的参数应用于稳定性分析时,显然存在有应力历史和途径的差异。因此,地下工程存在许多如下一些不确定性因素,主要包括:①材料参数的不确定性;②载荷的不确定性;③几何尺寸的不确定性;④初始条件的不确定性;⑤边界条件的不确定性;⑥计算模型的不确定性。

在地下工程的施工、设计与运营中,需要了解和掌握整个周围岩土体的应力、变形及稳定性情况,由于围岩及其环境的复杂多变性,因而基于有限元、边界元、离散元及其耦合分析的数值方法已成为预报围岩系统稳定性的重要和必要的手段和工具,然而数值方法的输入参数无论实验室测定还是现场实验测定都存在着这样或那样的问题,对实验室如何来考虑所谓的"尺寸效应";对现场测试又存在着数据离散、代表性不强和成本昂贵等问题,这些都极大地阻碍着数值方法的发展和应用,可喜的是经过近一二十年发展且可望成熟的反分析方法,使人们可以根据现场量测变形值来反推初始地应力场及周围岩土体力学性态参数,进而以此来数值正分析预报周围岩土体系统的稳定性。

实际工程中,岩土体是一个不确定和不确知的系统,若仅从随机角度来考虑,系统就是一个随机不确定系统。解决不确定系统,目前有响应面方法、蒙特卡洛法、扰动法、随机有限元法、模糊数学、区间有限元等主要方法。对这种随机不确定系统,从理论上讲通过这些方法的逆过程实现可以对其不确定的参数进行估计,当然要在数学上满足其存在、唯一、稳定等适定条件,具体到逆过程实施上要完全满足这些条件,需适当地做一些补充、假定,并有足够的观测资料。在岩土工程参数反分析中,现有的不确定性反分析都是基于某种不确定数学工具对量测变形或孔隙水压力的不确定性进行一定的处理,而没有考虑岩土体系统或模拟该系统的理论模型的不确定性,这在某种程度上不能不说是一个缺陷。在参数反分析中,目前大多数方法都是基于直接搜索法,通过一定的优化技术达到参数的最佳估计,这样势必消耗大量机时,尤其对于大型工程其耗时费用不可低估。Sakurai(1983)提出的反分析方法是基于有限元分析的逆过程,只进行逆分析一次便可得到参数的最佳估计,因此在实际工程中得到了广泛应用。然而这种方法对于不确定性系统还有待进一步研究。随着岩土工程的发展,其结构设计正由传统的确定性方法转向概率方法,相应地其分析手段也转变为概率手段。因此在分析时,需事先知道岩土介质特性参数的概率分布及其数字特征,如均值、方差及高阶矩。

综上所述,对于岩土介质这一本身具有随机不确定特性的系统,进行其特性参数的不确定反分析研究具有重要的理论价值,而且更能符合实际不确定岩土工程的要求。随机理论需要知道不确定因素的统计信息(如均值和方差)和概率密度(分布)函数;模糊数学需要知道隶属函数,实际上这些函数难以确定。而运用区间分析的理论和方法来求解不确定性问题,只需要较少的已知信息(如具有的一定界限等),提高了分析结果的可靠性。

5.1.2 不确定性反分析介绍

目前,反分析的研究主要集中在岩土体物性参数及地应力边界条件等参数辨识上,因此,由不确定性反分析的参数辨识准则函数(考虑测量误差及待估参数的统计性质,以参数误差最小或待定输出量测值出现最大等作为目标函数),参数辨识的不确定性反分析有多种。袁勇,孙钧等(1994)提出了用似然函数概念建立概率反分析的目标函数,对目标函数采用适当优化方法求解待估参数的反分析极大似然法。由于该目标函数中包含了位移量测误差待性及参数先验信息的误差特性,从而结果较可靠。黄宏伟等(1994)基于数理统计学中的贝叶斯(Bayesian)原理,考虑了应力、变形的不确定性及岩体系统特性参数的先验信息建立目标函数,再优化求解待估参数。该方法考虑因素较多,更符合实际。而且,通过该目标函数的变换,可推广到其他几种反分析方法上去,如Bayesian反分析、极大似然反分析、马尔可夫反分析、最小二乘反分析等。因而,该方法为一种较普遍的广义反分析法,更符合岩土体的不确定性反分析。

针对目标函数的反分析方法实质上并非完全的不确定性反分析,岩土工程反分析的不确定性研究应该从岩土体的不确定性本质着手。朱永全等(1995)考虑到岩土工程体的各种反应为随机过程,采用 Monte-Carlo 法对它们进行模拟,并结合有限元技术进行处理,提出了 Monte-Carlo 反分析法。由于采用了随机过程的相应处理方法,该法可给出参数的均值、方差及其分布类型,从而为反分析提供了一种更可靠的随机参数估计结果,是一种较好的随机反分析方法。但其缺点是,需抽取较大的样本数,计算工作量较大。黄宏伟等(1995)提出了随机有限元反分析法,它考虑到岩土工程中量测信息为一随机数列,而且岩土体的物理模型本身又具有随机不确定性,把随机有限元技术同反分析结合起来,对岩土工程体进行随机反分析。由于随机有限元处理较为复杂,目前仅发展了随机有限元逆反分析法。它采用 Sakurai 的逆反分析思路,将逆反分析同随机有限元结合,得到了随机有限元的逆反分析过程。实际应用中又采用特征函数方法推导了参数的方差及其高阶矩。该方法不但考虑了量测信息的随机性又考虑了物理模型的不确定性,无疑更符合实际情况,所得结果更合理。同时算例表明此法精度高、耗时少。由于岩土体的性质复杂,岩土工程问题中存在大量不确定、不精确的模糊问题,考虑到此种模糊性,林育梁等(1995)将常规反分析同模糊有限元方法进行结合,提出了模糊反分析的思路。由于模糊有限元计算复杂,目前,仅能进行模糊有限元逆反分析的研究,也就是把 Sakurai 的逆反分析同模糊有限元结合。实际推导中同时考虑了有限元单元构造、输入位移量测信息及假设边界条件的模糊性,使结果更合理可靠。该方法虽然是一种较好的不确定性分析方法,但由于其中确定各模糊量的隶属函数时存在较大的主观性,而且目前只能处理弹性介质,因此仍需要进行深入研究。由于岩土工程施工中岩土体系统的反应是一个动态的随机过程,其观测位移变形量同岩土体物性参数等的关系是随机的,而且前一时刻的变形量对后一时刻有一定影响。考虑到岩土工程施工中的这种动态过程,孙钧,蒋树屏(1996)将原属于最优控制理论及信息理论范畴的卡尔曼滤波技术引入岩土工程位移反分析中,把卡尔曼滤波器的滤波修正,不断产生新信息量的功能同有限元的迭代计算、场域分析功能进行耦合,建立了可以反映岩土体动态随机过程的卡尔曼滤波有限元反分析。该方法初期为把岩土体反应作为线性的线性卡尔曼滤波反分析,后来发展到把岩土体作为非线性系统的扩张卡尔曼滤波器算法。算例证明它可以在一定程度上反映岩土体施工中的动态过程。但由于滤波器设计中需要考虑较多统计计算的初值输入,这些输入尚存在一些主观因素,而且目前该方法仅能反分析弹性介质的情况,并且也不能考虑岩土体系本身的随机变化。

由于岩土工程研究的系统是一个高度复杂的非确定系统,对该系统进行反分析研究,应同时考虑观测过程、理论分析、经验判断三者的不确定性。而反分析的目的是设法利用工程施工阶段量测得到的个别点信息,来辨识用于分析岩土结构行为理论模型中的一些参数。考虑到岩土工程反分析的特点,刘维宁(1991)从信息论的角度来研究反分析过程,指出分析的过程实质为从被研究对象的一些局部信息中获得其内在规律的问题;并在数学上建立了逆问题的一般信息论框架,明确提出用数据信息研究反分析的观点,在数学上实现了用信息描述反分析过程的基本设想,即任一物理系统都可以用一个参数空间来描述,而对此系统的各种行为状态的认识,均可以用定义在其参数空间上的三种基本信息(观测信息、先验信息及理论信息)来表述。对此系统的未知状态的认识,即后验

信息,则来自于此三种信息的综合,综合形式为

$$后验信息量 = 先验信息量 + 观测信息量 + 理论信息量$$

并从信息熵的概念及统计优化理论对以上问题进行研究,提出了反分析的全信息优化法。该方法不但考虑了信息反分析中的各种数据信息传递,而且考虑了各种误差的影响,是一种从更普遍意义上研究反分析的方法,它实质为一些常用反分析法的综合表达形式。该方法揭示了反分析的信息本质,使反分析过程的信息综合有了一个完备的表达,并把反分析中的逆反演同数据处理联系起来,为反分析研究提供了理论依据。该方法从一个更全面、本质的角度对反分析进行了理论探讨,是反分析不确定性研究的一种好的理论方法,为以后的研究奠定了理论基础。但由于实际中该方法的三种已知信息一般不易得到,距离实用还需改进。为了在实际工作中应用该方法,刘维宁等(1993)提出了一种基于数据库方法,但此方法在应用中要求对研究问题有相当多的了解,很难具有推广性。总之,全信息优化应用性仍存在较多研究空间。

本章将介绍三种常用的不确定性反分析法,即随机有限元逆反分析、广义概率反分析及区间逆反分析。

5.2 随机有限元的逆反分析

本节基于量测位移的随机逆反分析方法,首先采用日本樱井春辅教授(Sakurai)的逆反分析思路,推导了随机有限元的逆过程;又基于特征函数法得到了参数的方差及高阶矩,最后就一则算例进行了考证,得到了一些有实用价值的结论。

5.2.1 随机有限元逆反分析原理

首先假设地下工程周围岩体为一线弹性随机不确定系统,且为各向同性体,并承受均匀应力场。其基本思路如下。

(1) 认为任何变量由均值和中心矩构成,由有限元基本控制方程推导;

(2) 将控制方程分离为确定性的均值方程和中心矩方程;

(3) 均值方程按照一般逆反分析推导(Sakurai,1983);

(4) 中心矩方程通过特征函数法来求解,可得到各参数的联合特征函数,由特征函数可以得到各阶矩的值。

对有限元分析,其基本控制方程为

$$[K]\{U\} = \{P\} \tag{5-1}$$

式中,$[K]$为刚度矩阵;$\{U\}$为结点位移列阵;$\{P\}$为结点荷载列阵。

在分析中这三个矩阵均看作是随机矩阵,并认为各矩阵均值总是存在的。为分析方便,对$[K]$及$\{P\}$作如下变换:

$$[K] = E[K^*] \tag{5-2}$$

$$\{P\} = \{P^*\}\{\sigma\} \tag{5-3}$$

式中,$[K^*]$为弹性模量$E=1$时的刚度矩阵;$\{P^*\}$为单位地应力$\{\sigma\}$形成的等效结点荷载。

在线性情况下,对$[K]$,$\{P\}$,$\{U\}$作如下变换,并注意到方程式(5-2)和式(5-3),有

$$[K] = [\overline{K}] + [\dot{K}] = \overline{E}[K^*] + \dot{E}[K^*] \tag{5-4}$$

$$\{P\} = \{\overline{P}\} + \{\dot{P}\} = \{P^*\}\{\bar{\sigma}\} + \{P^*\}\{\dot{\sigma}\} \tag{5-5}$$

$$\{U\} = \{\overline{U}\} + \{\dot{U}\} \tag{5-6}$$

式中,$[\overline{K}]$和$\{\overline{P}\}$为相应量的均值矩阵;$[\dot{K}]$和$\{\dot{P}\}$为相应量的中心矩阵。

将式(5-4)—式(5-6)代入方程式(5-1),则有

$$(\overline{E}[K^*] + \dot{E}[K^*])(\{\overline{U}\} + \{\dot{U}\}) = \{P^*\}\{\bar{\sigma}\} + \{P^*\}\{\dot{\sigma}\} \tag{5-7}$$

式(5-7)展开后为

$$\overline{E}[K^*]\{\overline{U}\} + \overline{E}[K^*]\{\dot{U}\} + \dot{E}[K^*]\{\overline{U}\} + \dot{E}[K^*]\{\dot{U}\} = \{P^*\}\{\bar{\sigma}\} + \{P^*\}\{\dot{\sigma}\} \tag{5-8}$$

Baecher 和 Ingra 认为当变异系数相对小($< 0.2 \sim 0.3$)时,$\dot{E}[K^*]\{\dot{U}\}$的影响可略去不计,因此方程式(5-8)变为

$$\overline{E}[K^*]\{\overline{U}\} + \overline{E}[K^*]\{\dot{U}\} + \dot{E}[K^*]\{\overline{U}\} = \{P^*\}\{\bar{\sigma}\} + \{P^*\}\{\dot{\sigma}\} \tag{5-9}$$

由于本文考虑的是小变异、线弹性问题,随机分析的均值计算同确定性有限元计算相同,因此比较方程式(5-9)两边并注意到确定性有限元控制元方程式(5-1)—式(5-3),方程式(5-9)可分离为两个方程,即

$$\overline{E}[K^*]\{\overline{U}\} = \{P^*\}\{\bar{\sigma}\} \tag{5-10}$$

$$\overline{E}[K^*]\{\dot{U}\} + \dot{E}[K^*]\{\overline{U}\} = \{P^*\}\{\dot{\sigma}\} \tag{5-11}$$

方程式(5-10)为均值分析与确定性有限元相同。方程式(5-11)为中心矩分析。对均值方程式(5-10)而言,其逆反分析同 Sakurai 推导的方程是一样的,即

$$\{\overline{U}\} = [K^*]^{-1}\{P^*\}\{\bar{\sigma}/\overline{E}\} = [A]\{\overline{X}\} \tag{5-12}$$

式中,$[A] = [K^*]^{-1}\{P^*\}$;$\{\overline{X}\} = \{\bar{\sigma}/\overline{E}\}$。

便有

$$\{\overline{X}\} = [A^{\mathrm{T}}A]^{-1}A^{\mathrm{T}}\{\overline{U}\} \qquad (5-13)$$

由式(5-13)即可得到参数$\{\bar{\sigma}\}$及$\overline{E}$的估计值。

对中心矩方程式(5-11)左边第二项右移得

$$\overline{E}[K^*]\{\dot{U}\} = \{P^*\}\{\dot{\sigma}\} - \dot{E}[K^*]\{\overline{U}\} \qquad (5-14)$$

则有

$$\begin{aligned}
\{\dot{U}\} &= (1/\overline{E})[K^*]^{-1}(\{P^*\}\{\dot{\sigma}\} - \dot{E}[K^*]\{\overline{U}\}) \\
&= [K^*]^{-1}(\{P^*\}\{\dot{\sigma}/\overline{E}\} - (\dot{E}/\overline{E})[K^*]\{\overline{U}\})
\end{aligned} \qquad (5-15)$$

即有$\{\dot{U}\}$的表达式为

$$\{\dot{U}\} = [K^*]^{-1}\{P^*\}\{\dot{\sigma}/\overline{E}\} - (\dot{E}/\overline{E})\{\overline{U}\} \qquad (5-16)$$

同均值分析一样,令$[A] = [K^*]^{-1}\{P^*\}$,则式(5-16)变成

$$\begin{aligned}
\{\dot{U}\} &= [A]\{\dot{\sigma}/\overline{E}\} - (\dot{E}/\overline{E})\{\overline{U}\} \\
&= (1/\overline{E})[[A] \mid \{\overline{U}\}] \left| \begin{matrix} \dot{\sigma} \\ -\dot{E} \end{matrix} \right|
\end{aligned} \qquad (5-17)$$

$$\{\dot{U}\} = [B]\{\dot{X}\} \qquad (5-18)$$

式(5-18)中令

$$[B] = (1/\overline{E})[[A] \mid \{\overline{U}\}] \qquad (5-19)$$

$$\{\dot{X}\} = \left| \begin{matrix} \dot{\sigma} \\ -\dot{E} \end{matrix} \right| \qquad (5-20)$$

对式(5-18)利用最小二乘法,可由量测位移中心矩来估计参数中心矩,即

$$\{\dot{X}\} = [B^{\mathrm{T}}B]^{-1}[B]^{\mathrm{T}}\{\dot{U}\} \qquad (5-21)$$

对参数中心矩分析,由于参数向量$\{\dot{X}\}$有 4 个元素(式(5-20)),因此至少需要 4 个测点或测线的数据。鉴于实际中量测绝对位移较为困难,这里采用 Sakurai 相对位移与绝对位移的转换技术给出如下公式:

$$\{\Delta\overline{U}\} = [T][A]\{\overline{X}\} \qquad (5-22)$$

$$\{\Delta\dot{U}\} = [T][B]\{\dot{X}\} \qquad (5-23)$$

式中,$[T]$为转换矩阵(吕爱钟,蒋斌松,1998);$\{\Delta\overline{U}\}$及$\{\Delta\dot{U}\}$分别为相对位移的均值及中心矩。

因此,在相对位移情况下,同样可以利用前面的分析得到参数的随机估计。

5.2.2　随机参数的特征函数法分析

由第 5.2.1 节可以看到对对数均值反分析很容易,而对其方差和更高阶矩的反分析则较为困难。为此本节利用特征函数法对参数中心矩加以分析,以期得到方差和高阶矩。

以绝对位移分析为例,其中心矩阵支配方程为

$$\{\dot{U}\} = [B]\{\dot{X}\} \tag{5-24}$$

由最小二乘法得

$$\{\dot{X}\} = [B^{\mathrm{T}}B]^{-1}[B]^{\mathrm{T}}\{\dot{U}\} = [N]\{\dot{U}\} \tag{5-25}$$

式中,$[N] = [B^{\mathrm{T}}B]^{-1}[B]^{\mathrm{T}}$。

根据概率论,若已知$\{\dot{X}\}$的特征函数,则对其求导可得参数$\{\dot{X}\}$的高阶矩。

由特征函数理论可以知道,如果已经知道$\{\dot{U}\}$各元素的联合特征函数 $\Phi_{\{\dot{U}\}}(S)$,其中,S 为一个实变数,则随机参数$\{\dot{X}\}$各元素的联合特征函数可表示为

$$\Phi_{\{\dot{X}\}}(S) = \Phi_{\{\dot{u}\}}([N]^{\mathrm{T}}S) \tag{5-26}$$

式中,$[N]$同式(5-25)。

假设量测位移 U 服从正态分布,这样便可得到 $\Phi_{\{\dot{U}\}}$ 的表达式。然而这种情况下要按$\{\dot{U}\}$各元素是相互独立还是相互关联两种情况分别讨论。

(1) 若$\{\dot{U}\}$各元素相互独立,即各点量测的位移中心矩不相差,则根据独立随机变量联合特征函数性质有

$$\Phi_{\{\dot{X}\}}(S) = \prod_{j=1}^{n} \Phi_{\dot{U}_{j}}(S_{j}) \tag{5-27}$$

式中,n 为量测位移元素个数。

(2) 若$\{\dot{U}\}$各元素相互影响,即变量间不是相互独立,则可根据相关分析理论利用一线性变换,将各相关联随机变量转化成相互独立的随机变量,令

$$\{\dot{U}\} = [C]\{w\} \tag{5-28}$$

式中,$[C]$为一下三角变换矩阵,主对角线元素为 1;$\{w\}$为一列阵,其各元素为互不相关的中心矩随机变量。

将式(5-28)代入式(5-25)有

$$\{\dot{X}\} = [N][C]\{w\} \tag{5-29}$$

式中，$[N]$同式(5-25)；$[C]$中非零元素计算式为

$$C_{i1} = R_{i1}/D_{w1} \qquad (5-30)$$

$$C_{ij} = (1/D_{\omega j})\left(R_{ij} - \sum_{s=1}^{j-1} C_{is} C_{js} D_{ws}\right)$$

$$j = 2, 3, \cdots, i-1 \qquad (5-31)$$

式中，R_{ij}为$\{\dot{U}\}$中第i行元素与第j行元素的相关矩；$D_{\omega j}$为$\{w\}$第j元素的方差。

$$D_{\omega 1} = D_{Uj} - \sum_{s=1}^{j-1} C_{js}^2 D_{ws} \qquad (5-32)$$

式中，D_{Uj}为$\{\dot{U}\}$中第j行元素的方差。

由上述分析可以知道，$\{w\}$为相互独立的变量，在实际处理相互关联$\{\dot{U}\}$时可先将其各元素看作相互独立的随机变量，由式(5-27)可确定$\{w\}$的各元素联合特征函数，即

$$\varPhi_{\omega 1}(S) = \varPhi_{U1}(S) \qquad (5-33)$$

$$\varPhi_{\omega k}(S) = \varPhi_{Uk}(S) / \prod_{i=1}^{k-1} \varPhi_{Ui}(C_{ki}S)$$

$$k = 2, 3, \cdots, m \qquad (5-34)$$

由式(5-33)、式(5-34)不难得出式(5-29)中参数$\{\dot{X}\}$的各元素联合特征函数为

$$\varPhi_{(\dot{x})}(S) = \varPhi_{(w)}(([N][C])^{\mathrm{T}} S) \qquad (5-35)$$

在得到参数$\{\dot{X}\}$的特征函数后，可利用数理统计中的关于特征函数和各阶矩关系得出参数的高阶矩。方差为二阶中心矩，方差$\{D_x\}$可由下式得到，即

$$\{D_x\} = \varPhi_{\{\dot{x}\}}^{(2)}(S) - \{\overline{x}\} \qquad (5-36)$$

式中，指数(2)为二次求导。

更高阶矩如M阶矩可由特征函数(式(5-26)或式(5-35))求M次导数得到。

5.2.3　算例分析与讨论

某圆形硐室断面半径为1 m，硐室承受均匀初始地应力为1.4 MPa，弹性模量为2 100 MPa，进行线弹性有限元正分析。在假设正分析位移的不确定后，经随机逆反分析计算后得到弹性模量、地应力的均值及方差，见表5-1(为简便起见省去高阶矩)。表中还给出了在概率为99.74%(假设弹性模量及地应力为服从正态分布的随机变量)的极限区间估计。由表5-1看到，在概率99.74%下弹性模量E的极限区间为2 053.31～2 015.89 MPa，而理论真值为2 100 MPa，并不落在随机区间内，这就是量测变形及模型随机不确定性导致的结果。从实际情况讲，若不考虑量测值及力学模

型的不确定性,用确定性反分析的参数并不能反映实际岩体性态。

表 5-1 随机逆反分析结果 单位:MPa

特 征	参 数			
	E	σ_x	σ_y	τ_{xy}
均值	2 034.601	−1.363	−1.400	0.005 94
方差	38.896	0.025 8	0.026 9	0.010 5
极限区间	2 053.31～2 015.89	−1.845～−0.881	−1.892～−0.908	0.313～−0.301

　　基于随机有限元建立线弹性情况下的随机逆反分析法,不但考虑了量测变形的随机不确定性,而且考虑到计算模型的随机不确定性。另外,由于只运算一次便可得到反演参数,因而更能符合实际工程要求。算例分析说明,若不考虑量测变形及计算模型的不确定性,有可能导致反分析的失败,然而目前研究的随机逆反分析只就弹性有限元来进行,深入到弹塑性、黏弹性等复杂非线性计算模型的随机逆反分析还有待进一步的研究和探讨。

5.3 广义概率反分析

　　围岩变形是一个随机变量,变形过程是一个随机过程,因而量测的变形时间序列或量测值只是一个样本序列或样本值的实现,也就是说量测的变形具有不确定性,只能从概率意义上来研究变形,研究其均值和方差。由于不确定性的变形,基于此的反分析相应地就成为不确定性反分析。严格意义上讲任何确定性的反分析都是不恰当的,它不仅没有考虑量测变形的不确定性,也没有考虑反分析模型的不确定性。目前地下工程不确定性反分析的进展很快,已发展到 Bayesian 反分析、Kalman 反分析及基于信息论的反分析。然而这些进展都仅仅停留在采用方法的新颖上,所考虑的也只是量测变形的不确定性。从围岩系统角度上理解,荷载(或应力)是系统的输入,变形则是系统的输出,目前的不确定性反分析就是考虑了系统输出即变形的不确定性来估计或辨识系统内部的特征参数。事实上作为一个系统,其输入对系统的特性也有着一定的影响,尤其在输入为不确定性时。从岩石力学上讲这个问题已经是最一般的常识了,即应力对于岩石的力学特性参数有一定的影响,不同的应力状态由实验室已证明其对材料力学特性影响极为严重。因此,现有的不确定性反分析由于没有考虑应力而不能不说是一个缺陷,基于 Bayesian 的广义参数反分析研究不但考虑量测变形的不确定性,而且考虑了应力的不确定性,此处的应力可以是量测的测点荷载(即压力盒或其他量测荷载仪器测试结果)也可以是实测的原始地应力场。

一般地,所谓的确定性反分析与不确定性反分析主要在于建立优化参数的目标函数取不同的形式,在文献评述里已较多地列举了不同确定性反分析的目标函数形式。对于确定性反分析由于采用不同的不确定性分析手段,因而建立的目标函数也不尽相同。Bayesian法属于其中的一种不确定性分析手段,由于Bayesian法可以将关于所要反分析的参数的任何先验分布同已量测的数据按照Bayesian法则来计算反分析参数的后验分布,其后验分布包含了较多的信息,因而Bayesian法较其他不确定性分析方法具有更多的优点。Bayesian方法考虑了先验信息分布,量测载荷和变形的不确定性,建立了参数反分析的广义目标函数,进而采用优化方法得到参数的估计,并就不同的优化方法及所考虑因素的不同种情况进行了实例分析与讨论。

5.3.1 Bayesian 反分析原理

一般地,所谓的确定性反分析与不确定性反分析主要在于建立优化参数的目标函数取不同形式,参数反分析根据建立目标函数的种类可分为如下几种:①最小二乘反分析;②Markov反分析;③最大似然反分析;④Bayesian反分析。

上述4种反分析是根据假设的初始信息增加排列的。对最小二乘法只假设过程的动态尽可能用所选取的模型来近似;Markov法则要求有关噪音的协方差矩阵;最大似然法要知道可量测变量的随机过程的概率密度函数;Bayesian法要求待反分析参数的先验密度函数及误差损失函数。具体建立这几种方法间的内在关系在一般的参数估计教材中均可查到,如Eykhoff的著作。因此,我们可以在讨论要求初始信息最多的Bayesian反分析中通过减少初始信息则可得到其他方法的反分析。因而Bayesian反分析是一个广义的方法,由它可以导出别的反分析方法。由于Bayesian方法在很多文献中都有详细的介绍,下面只简要地讨论Bayesian反分析原理及其相关的问题。

设 $\underline{U} = (U_1, U_2, \cdots, U_n)$ 为 n 个量测变形向量,围岩系统特征参数向量为 $\underline{P} = (P_1, P_2, \cdots, P_m)$,则变形概率密度函数为参数向量 $\underline{P}$ 的条件概率密度函数 $f(\underline{U}|\underline{P})$,同时假设参数向量 $\underline{P}$ 的先验概率密度函数为 $f(\underline{P})$,则可以给出参数 $\underline{P}$ 在量测数据 $\underline{U}$ 下的后验概率密度函数 $f(\underline{P}|\underline{U})$ 为

$$f(\underline{P}|\underline{U}) = \frac{f(\underline{U}|\underline{P}) \cdot f(\underline{P})}{\iint \cdots \int f(\underline{U}|\underline{P}) f(\underline{P}) \mathrm{d}P_1 \mathrm{d}P_2 \cdots \mathrm{d}P_m} \tag{5-37}$$

式中分母为分子在参数空间的积分在于保证 $f(\underline{P}|\underline{U})$ 曲线下的面积为1(即归一化)。这样可以去掉分母项,有 $f(\underline{P}|\underline{U})$ 与 $f(\underline{U}|\underline{P})$ 和 $f(\underline{P})$ 之积成如下比例:

$$f(\underline{P}|\underline{U}) \propto f(\underline{U}|\underline{P}) f(\underline{P}) \tag{5-38}$$

现在来定义似然函数,假设 n 个量测值是对应于 $f_j(U_j|\underline{P})(j=1, \cdots, n)$ 个随机变量,即每个

量测值 u_j 是相互独立的,则在量测值 $\underline{U}$ 已知的情况下有参数 $\underline{P}$ 的似然函数 $L(\underline{P}|\underline{U})$ 的表达式为

$$L(\underline{P}|\underline{U}) = \prod_{j=1}^{n} f_j(U_j|\underline{P}) \tag{5-39}$$

这样将式(5-39)代入式(5-38),便有参数 $\underline{P}$ 的后验分布,即

$$f(\underline{P}|\underline{U}) \propto L(\underline{P}|\underline{U})f(\underline{P}) \tag{5-40}$$

式(5-37)—式(5-40)为 Bayesian 反分析参数的主要公式,从中可以看到样本的数量 n 及参数的先验信息对于反分析的结果即后验分布都有着很大的影响。Sorenson (1980)在其参数估计著作中对于 Bayesian 估计的样本数量及参数先验信息对参数估计的影响进行了详细的理论研究,研究表明:①随着量测样本数量的增加,参数先验信息对于估计的影响在逐渐减小;②由于引入先验信息,参数反分析的结果误差相对减小。事实上,这两条结论是相辅相成的,如果量测样本数目较少,先验信息的作用还是很明显的,否则对于估计结果没有影响。

5.3.2 基于 Bayesian 广义参数反分析

视所考查的围岩为一系数,应力 $\underline{S}$ 为该系统的输入,变形 $\underline{U}$ 为该系统的输出,其示意见图5-1,设围岩系统力学性态参数向量为 $\underline{P}$,则有如下关系:

$$\underline{P} = P[S(1),\ S(2),\ \cdots,\ S(k),\ U(1),\ U(2),\ \cdots,\ U(k)] = P(\underline{S},\ \underline{U}) \tag{5-41}$$

式中,$\underline{S}$, $\underline{U}$ 分别为应力量测向量和变形量测向量,变形 $\underline{U}$ 是直观量,应力 $\underline{S}$ 可以是初始地应力(σ_{xi}, σ_{yi}, τ_{xyi})也可以是有限元划分单元的结点应力,因而二者之间存在一种确定性的变换关系,由于围岩系统输入及输出均为随机不确定量,因而都存在一个均值和偏差,这样研究就变成考虑系统输入及输出随机不确定性的参数辨识问题。

图5-1 系统参数反分析示意图

若假设围岩系统为一非线性弹塑性体,则系统参数向量 $\underline{P}$ 由杨氏模量 E、泊松比 ν、黏结力 c 及摩擦角 φ 构成,即有

$$\underline{P} = P\{E,\ \nu,\ c,\ \varphi\} \tag{5-42}$$

若载荷 $\underline{S}$ 为初始地应力场,由现场实测,得到其不确定性量用随机偏差 ε_s 来表示,并有

均值 $$E\{\varepsilon_s\} = 0 \tag{5-43a}$$

协方差矩阵 $$C_s = E\{\varepsilon_s \varepsilon_s^{\mathrm{T}}\} \tag{5-43b}$$

同样变形 $\underline{U}$ 为现场实测值,其不确定性用其随机偏差 ε_u 表示,并有

均值
$$E\{\varepsilon_u\} = 0 \tag{5-44a}$$

协方差矩阵
$$C_u = E\{\varepsilon_u \varepsilon_u^{\mathrm{T}}\} \tag{5-44b}$$

为方便起见,这里假设载荷不确定性量 ε_s 与变形不确定性量 ε_u 相互独立。

关于围岩力学性态参数 $\underline{P}$ 的先验信息,由于 $\underline{P}$ 也是一个随机变量,存在一概率密度函数,根据大多数文献可假设其服从高斯分布 $f(\underline{P})$,则表达为

$$f(\underline{P}) = A \cdot \exp[(-1/2)(\underline{P}^* - \underline{P})^{\mathrm{T}}(C_{P'})^{-1}(\underline{P}^* - \underline{P})] \tag{5-45}$$

式中,$\underline{P}^*$,$C_{P'}$ 分别为参数 $\underline{P}$ 的均值及协方差阵。

$$\begin{aligned} \underline{P}^* &= E\{\underline{P}\} \\ C_{P'} &= E\{(\underline{P} - \underline{P}^*)(\underline{P} - \underline{P}^*)^{\mathrm{T}}\} \end{aligned} \tag{5-46}$$

这里采用的理论计算模型为有限元法,其控制方程为

$$K\underline{U} = \underline{F} \tag{5-47}$$

对 $\underline{F}$ 稍作如下变换

$$\underline{F} = \underline{S}^* \cdot \underline{S} \tag{5-48}$$

式中,$\underline{S}^*$ 为单位初始地应力 $\underline{S}$ 作用时的等效结点载荷,将式(5-48)代入式(5-46),整理方程有

$$\underline{U} = K^{-1} \cdot \underline{F} = K^{-1} \cdot \underline{S}^* \cdot \underline{S} = U(\underline{S} \mid \underline{P}) \tag{5-49}$$

即输出 $\underline{U}$ 是输入 $\underline{S}$ 和系统参数 $\underline{P}$ 的函数,考虑输入载荷和输出变形的不确定性,即量测变形值 $\underline{U}^*$ 可由式(5-49)模拟为

$$\underline{U}^* = U(\underline{S} + \varepsilon_s \mid \underline{P}) + \varepsilon_u \tag{5-50}$$

若取 e 为变形量测值 $\underline{U}^*$ 与由载荷 $\underline{S}$ 作用下模型预报变形值 $U(\underline{S}|\underline{P})$ 之差,则有

$$e = \underline{U}^* - U(\underline{S} \mid \underline{P}) \tag{5-51}$$

将式(5-50)代入式(5-51)得

$$e = U(\underline{S} + \varepsilon_s \mid \underline{P}) - U(\underline{S} \mid \underline{P}) + \varepsilon_u \tag{5-52}$$

对 $U(\underline{S} + \varepsilon_s | \underline{P})$ 的 ε_s 按 Maclaurin 级数展开并取其第一、第二项,则有

$$U(\underline{S} + \varepsilon_s \mid \underline{P}) \approx K^{-1}\underline{S} + K^{-1}\underline{S}^* \cdot \varepsilon_s \tag{5-53}$$

令 $\boldsymbol{B} = K^{-1}\underline{S}^*$,则式(5-53)可写成

$$U(\underline{S} + \varepsilon_s \mid \underline{P}) \approx K^{-1}\underline{S} + \boldsymbol{B} \cdot \varepsilon_s \tag{5-54}$$

将式(5-54)代入式(5-52)得

$$\underline{e} = K^{-1}\underline{S} + \boldsymbol{B} \cdot \varepsilon_s - K^{-1}\underline{S} + \varepsilon_u = \boldsymbol{B} \cdot \varepsilon_s + \varepsilon_u \qquad (5-55)$$

式(5-55)是一个非常重要的公式,它说明了量测值与模型预报值之差,不但与量测值的不确定性有关,而且与载荷的不确定性也有关。这说明其与传统的不确定性反分析是不同的。

一般说来,求取随机变量密度函数的方法有分布函数法、变换法和产生函数的矩阵法,由于假设的随机变量 ε_s, ε_u 服从均值为零、协方差为式(5-43a)及式(5-44a)的正态分布,采用分布函数法来求取 $\boldsymbol{B}\varepsilon_s$, ε_u 的联合概率密度函数 $f(\boldsymbol{B}\varepsilon_s, \varepsilon_u)$ 进而可以得到概率密度函数 $f(\boldsymbol{B}\varepsilon_s + \varepsilon_u)$,也就是 $f(\underline{e}|\underline{P})$。

ε_s 及 ε_u 密度函数分别为

$$f(\varepsilon_s) = M \cdot \exp[(-1/2)\varepsilon_s^{\mathrm{T}} C \varepsilon_s^{-1} \varepsilon_s] \qquad (5-56)$$

$$f(\varepsilon_u) = M \cdot \exp[(-1/2)\varepsilon_u^{\mathrm{T}} C \varepsilon_u^{-1} \varepsilon_u] \qquad (5-57)$$

则根据正态分布随机函数的性质,由于 $\boldsymbol{B}$ 为一常数阵,则 $\boldsymbol{B}\varepsilon_s$ 的密度函数为

$$f(\boldsymbol{B}\varepsilon_s) = R \cdot \exp[(-1/2)\varepsilon_s^{\mathrm{T}} C \boldsymbol{B}\varepsilon_s^{-1} \varepsilon_s] \qquad (5-58)$$

由式(5-55)—式(5-58),并注意到 ε_s 和 ε_u 相互独立,可以得到随机变量 $\underline{e}$ 的均值及协方差阵分别为

$$E(\underline{e}) = 0 \qquad (5-59a)$$

$$C_{\underline{e}} = C\boldsymbol{B}\varepsilon_s + C\varepsilon_u \qquad (5-59b)$$

则有 $\underline{e}$ 的密度函数 $f(\underline{e}|\underline{P})$

$$f(\underline{e} \mid \underline{P}) = S \cdot \exp[(-1/2)\underline{e}^{\mathrm{T}} C\underline{e}^{-1} \underline{e}] \qquad (5-60)$$

根据 $\underline{e}$ 的表达式(5-51),可以得到似然函数为

$$L(\underline{P} \mid \underline{e}) \propto \exp\{(-1/2)[\underline{U}^* - U(\underline{S} \mid \underline{P})]^{\mathrm{T}} C\underline{e}^{-1}[\underline{U}^* - U(\underline{S} \mid \underline{P})]\} \qquad (5-61)$$

在先验信息 $f(\underline{P})$ 为已知的情况下,由上节 Bayesian 反分析原理式(5-40),有参数向量 $\underline{P}$ 的后验概率密度函数为

$$f(\underline{P} \mid \underline{e}) \propto L(\underline{P} \mid \underline{e})f(\underline{P}) \qquad (5-62)$$

依据式(5-45),把式(5-62)写为

$$f(\underline{P} \mid \underline{e}) \propto \exp\{(-1/2)[\underline{U}^* - U(\underline{S} \mid \underline{P})]^{\mathrm{T}} C\underline{e}^{-1}[\underline{U}^* - U(\underline{S} \mid \underline{P})]\}$$
$$\exp\{(-1/2)[\underline{P}^* - \underline{P}]^{\mathrm{T}} C_{P}^{-1}[\underline{P}^* - \underline{P}]\} \qquad (5-63)$$

式(5-63)是参数向量 $\underline{P}$ 在考虑荷载 $\underline{S}$ 和变形 $\underline{U}$ 及参数先验信息情况下的后验概率密度函数,为运算方便,将式(5-63)两边取自然对数,则后验概率密度函数的最大化可转化成求式(5-64)的极小化,即

$$J(\underline{P}) = [U - U(\underline{S} \mid \underline{P})]^T C_e^{-1} [U - U(\underline{S} \mid \underline{P})] + [\underline{P}^* - \underline{P}]^T C_P^{-1} [\underline{P}^0 - \underline{P}] \qquad (5-64)$$

式(5-64)就是基于 Bayesian 原理建立的参数 $\underline{P}$ 的概率反分析目标函数,式(5-64)中 C_e 计算表达式为

$$C_e = C_{\varepsilon_s} + C_{\varepsilon_u} \qquad (5-65)$$

式中,C_{ε_s} 为 $\boldsymbol{B}\varepsilon_s$ 的协方差阵。

下面进行一些推广性的讨论,可以看到本章建立的 Bayesian 反分析目标函数式(5-64)具有广义性。

(1) 若不考虑荷载的不确定性量,即 $\varepsilon_s = 0$,荷载为确定性量,则有 $C_{\varepsilon_s} = 0$,由式(5-65)得 $\underline{e}$ 的协方差为

$$C_e = C_{\varepsilon_u} \qquad (5-66)$$

代入式(5-64),得到不考虑荷载不确定性的 Bayesian 反分析目标函数为

$$J(\underline{P}) = [\underline{U}^* - U(\underline{P})]^T C_{\varepsilon_u}^{-1} [\underline{U}^* - U(\underline{P})] + [\underline{P}^0 - \underline{P}]^T C^{-1} \underline{P}^0 [\underline{P}^0 - \underline{P}] \qquad (5-67)$$

式(5-67)就是现有的 Cividini(1983)的 Bayesian 反分析目标函数形式。

(2) 若量测到流变变形与荷载,则流变 Bayesian 反分析目标函数形式为

$$J(\underline{P}, t) = \sum_{t=1}^{k} \{ [\underline{U}^* t - Ut(\underline{S} \mid \underline{P})]^T C_e^{-1} [\underline{U}^* t - Ut(\underline{S} \mid \underline{P})] +$$
$$[\underline{P}^0 t - \underline{P} t]^T C^{-1} \underline{P} t [\underline{P}^0 t - \underline{P} t] \} \qquad (5-68)$$

这样可以反分析 t 时刻的围岩力学性态函数。

(3) 在讨论 Bayesian 反分析时,由于假设输入、输出的随机不确定量服从高斯分布,因而在此情况下 Bayesian 反分析同最大似然反分析具有相同的形式,因此最大似然反分析也具有与式(5-64)一样形式的目标函数。

(4) 如果已知荷载和变形概率分布函数,而未知参数向量 $\underline{P}$ 的先验信息,则由式(5-64)有

$$J(\underline{P}) = [\underline{U}^* - U(\underline{S} \mid \underline{P})]^T C^{-1} \underline{e} [\underline{U}^* - U(\underline{S} \mid \underline{P})] \qquad (5-69)$$

这就是所谓的 Markov 反分析目标函数。

(5) 假设不考虑任何初始信息,也不知道变形荷载与变形的不确定性的密度函数,式(5-64)完

全退化为一种确定性的反分析,则有目标函数

$$J(\underline{P}) = [\underline{U}^* - U(\underline{P})]^{\mathrm{T}} [\underline{U}^* - U(\underline{P})] \qquad (5-70)$$

式(5-70)为最小二乘反分析目标函数。

由于考虑了荷载的不确定性,计算式(5-55)中的$\underline{e}$的协方差就较为麻烦。这里分两种情况来讨论,一种荷载为量测的初始地应力,另一种为围岩划分结点(有限元分析的离散单元结点)处量测的荷载值。先来考虑第一种情况,设初始地应力场为 S_x, S_y, S_z,则对应的不确定性量为$\{\varepsilon_{S_x}, \varepsilon_{S_y}, \varepsilon_{S_z}\}$,由式(5-55)中 $\boldsymbol{B}$ 阵为

$$\boldsymbol{B} = K^{-1} \underline{S}^* \qquad (5-71)$$

可以看到 $\boldsymbol{B}$ 阵为单位地应力 S^* 产生的等效结点荷载为 $(2M \times 3)$ 阵,其中 M 为量测位移结点数目,3 列分别对应 S_x, S_y, S_z 产生的等结点荷载引起的各测点位移。采用 X, Y 方向的合矢量,则可以将 $\boldsymbol{B}$ 阵转化为 $(M \times 3)$ 阵,处理后得

$$\begin{vmatrix} B_{11} & B_{12} & B_{13} \\ B_{21} & B_{22} & B_{23} \\ B_{M1} & B_{M2} & B_{M3} \end{vmatrix} \begin{vmatrix} \varepsilon_{S_x} \\ \varepsilon_{S_y} \\ \varepsilon_{S_z} \end{vmatrix} = \begin{vmatrix} \varepsilon_{G1} \\ \varepsilon_{G2} \\ \varepsilon_{GM} \end{vmatrix} = \underline{\varepsilon}_G \qquad (5-72)$$

将式(5-72)代入式(5-55)有

$$\underline{e} = \underline{\varepsilon}_G + \underline{\varepsilon}_u \qquad (5-73)$$

这样 $\underline{e}$ 的协方差为

$$C_{\underline{e}} = C_{\varepsilon_G} + C_{\varepsilon_u} \qquad (5-74)$$

变形量测点原则上要为一个点,在工程中可在变形量测点附近布置。这样对荷载和变形量测都各自有一个不确定性量,从式(5-72)已看到,结点荷载为不确定性量,由量测可直接求取,其他的工作如同第一种情况可由式(5-73)和式(5-74)来计算 $\underline{e}$ 的协方差阵。

由上述的讨论可以看到,Bayesian 反分析法具有广义性,由它可以推出其他的反分析方法,称此方法为基于 Bayesian 的广义参数反分析。计算其目标函数流程图见图 5-2。

5.3.3 广义参数反分析的优化问题描述及其优化实施

在第 5.3.2 节中建立了广义参数分析法的目标函数形式,下面就要对此目标函数进行优化,以求取参数的最佳估计。为方便起见,将参数用变量 $\underline{X}$ 来代替,对于非线性弹塑性围岩系统有如下参数向量:

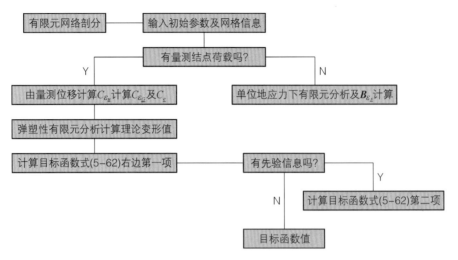

图 5-2 广义参数反分析目标函数计算图

$$\underline{X} = \{X_1, X_2, X_3, X_4\} = \{E, \nu, C, \varphi\} \tag{5-75}$$

其目标函数式为

$$f(\underline{X}) = [U^* - \underline{U}(\underline{S} \mid \underline{P})]^{\mathrm{T}} C^{-1} e [U^* - \underline{U}(\underline{S} \mid \underline{X})] + [\underline{X}^* - \underline{X}] C^{-1} \underline{X}^* [\underline{X}^* - \underline{X}] \tag{5-76}$$

式中,$\underline{X} \in E^*$。

在实际中,对于不同的岩土体可以由经验给出参数 $\underline{X}$ 的上、下限即有 $E_2 \geqslant E \geqslant E_1$;$\nu_2 \geqslant \nu \geqslant \nu_1$;$C_2 \geqslant C \geqslant C_1$;$\varphi_2 \geqslant \varphi \geqslant \varphi_1$,这样便可构成相应于目标函数式(5-76)的约束条件,即

$$\left. \begin{array}{l} X_1 - E_1 \geqslant 0 \\ E_2 - X_2 \geqslant 0 \\ X_2 - \nu_1 \geqslant 0 \\ \nu_2 - X_2 \geqslant 0 \\ X_3 - C_1 \geqslant 0 \\ C_2 - X_3 \geqslant 0 \\ X_4 - \varphi_1 \geqslant 0 \\ \varphi_2 - X_4 \geqslant 0 \end{array} \right\} \tag{5-77}$$

即有约束函数 $g(\underline{X})$

$$g(\underline{X_j}) \geqslant 0 \qquad (j = 1, 2, \cdots, 8) \tag{5-78}$$

如何采用合理的优化技术实施上述构造的优化问题是很重要的,这不但要求优化的参数在一定的精度内,而且更重要的是优化时间。在施工期间以此来反馈于设计、施工方案是否修改等都要

求时间不可能太长,否则就失去了反分析用于监控施工的意义。从优化理论上讲优化方法层出不穷,但大致可分为两大类,即直接搜索法和梯度法,这两类方法各有优缺点,要针对于实际情况决定采用哪种,方法本身的研究在众多的文献上已有阐述,因此这里不就优化技术本身加以研究。由于我们的目标函数计算要进行有限元分析,每计算一次目标函数值都要调用一次有限元分析,若采用梯度法还要对目标函数求导。如 Cividini (1983)曾就应用梯度法来优化在弹塑性情况下的参数反分析,并就差分代替求导推导出了参数的协差方阵。为比较起见,这里采用了不求导数的直接搜索法中的可变容差法和求导数的梯度法中的综合约束双下阵法,并就其运算结果进行比较。现简要介绍一下这两种方法。

可变容差优化算法(the changed flaxibility optimization method)属于搜索法范畴,是把多个约束的求极小值问题变为一个单约束求极小值问题。

把围岩参数反分析优化问题简化为单约束问题,即

极小化: $$f(\underline{X}), \quad \underline{X} \geqslant E^{*} \tag{5-79}$$

约束条件: $$\phi^{(K)} - T(X) \geqslant 0 \tag{5-80}$$

式中,ϕ 为第 K 步搜索中给出的关于可行性的可变容差准则的值;$T(X)$是约束破坏的估计量,它是原问题所有约束条件的一个正泛函,即

$$T(X) = \Big[\sum_{i=1}^{m} U_i g_i(X) \Big]^{1/2} \tag{5-81}$$

式中,U_i 为 Heaviside 算子,使得 $g_i(\underline{X}) \geqslant 0$ 时,$U_i = 0$,否则 $U_i = 1$。

可以看到可行域的解满足 $T(X) = 0$,但一般说寻求使 $T(X) = 0$ 的解较逐步解近似可行域更难些,为此定义 $\phi^{(K)}$ 如下:

$$\phi^{(K)} = \min\Big[\phi^{(K-1)}, \; 1/(r+1) \sum_{i=1}^{K+1} |X_i^{(K)} - X_{r+2}^{(K)}| \Big] \tag{5-82}$$

$$\phi^{(0)} = 2(m+1)t \tag{5-83}$$

式中,t 为初始多面体大小;$X_i^{(K)}$ 为 E^n 多面体第 K 次搜索时第 i 个顶点值;r 为 $f(X)$ 的自由度,$r = n$;$X_{r+2}^{(K)}$ 为多面体的形心顶点。

实施步骤如下:

(1) 令 $K = 0$,给定初始点 $X^{(0)}$ 及边长 t;

(2) 第 K 次,采用 Nelder-Mead 法求出多面体各顶点的 $f(X_i^{(K)})$ $(i = 1, 2, \cdots, r+1)$,求出函数最高点 $X_k^{(K)}$、最低点 $X_1^{(K)}$ 及 $X_{r+2}^{(K)}$;

(3) 求出 $X_h^{(K)}$ 点的 $T(X^{(K)})$ 的值;

(4) 检验，若 $\phi^{(K)} - T(X^{(K)}) > 0$ 成立，则用 Nelder-mead 法求出新点代替 $X_h^{(x)}$ 点，并转步骤 (6)，否则转步骤 (5)；

(5) 极小化 $T(X^{(K)})$，直到求出可行点为止，该点作为新的多面体基点，令为 X；

(6) 若 $\phi^{(K)} < \varepsilon$ 成立，结束搜索，否则转步骤 (2) 继续迭代计算。

综合约束函数双下降法 (synthesized constrained dual descent method) 属于梯度法范畴，由于目标函数的复杂性，采用了差分代替导数的方法。

用 G 表示参数反分析优化问题的可行域，则

$$G = \{X \mid X \in E^4, \qquad g_i(X) \geqslant 0,\ i = 1,\ 2,\ \cdots,\ 8\} \tag{5-84}$$

引进约束综合函数

$$S(X) = \{\sum_{i=1}^{m} [(g_i(\underline{X}) - | g_i(\underline{X}) |]/2\}^{1/2} \tag{5-85}$$

这样优化问题的可行域 (式(5-84)) 又可表示为

$$G = \{X \mid X \in E^n \quad; \qquad S(X) = 0\} \tag{5-86}$$

选定初始点 X 和初始步长 t_0，令 $S_0 = \alpha t$，则初始近似可行域为

$$G_0 = \{X \mid X \in E^0,\ S(X) \leqslant S_0\} \tag{5-87}$$

类似点 $X^{(K)}$ 属于第 K 次可行域为

$$G_K = \{X \mid X \in E^n,\ S(X) \leqslant S_K\} \tag{5-88}$$

则从点 X 出发对 $f(X)$ 按 $X^{(K)}$ 点的负方向以步长 t_K 进行下降迭代，并要求所得之点 $X^{(K+1)} \in G_K$，若 $X^{(K+1)}$ 不属于 G_K，则从此点出发取步长 $t_K = \beta t_K$ 对 $S(X)$ 进行下降迭代直至得到属于 G_K 的点，并把它作为 $X^{(K+1)}$ 点。然后检查是否满足收敛准则，即

$$| (f(X^{(K+1)}) - f(X^{(K)}))/f(X^{(K)}) | \leqslant \varepsilon_1 \tag{5-89}$$

$$S_K \leqslant \varepsilon_2 \tag{5-90}$$

式中，ε_1，ε_2 为给定的大于零的允许终止误差。

若上述关系满足，则停止迭代并输出结果；否则，比较 $f(X^{(K+1)})$ 和 $f(X^{(K)})$。

(1) 若 $f(X^{(K+1)}) \geqslant f(X^{(K)})$，则缩短步长；

(2) 若 $f(X^{(K+1)}) < f(X^{(K)})$，令 $S_{K+1} = \alpha t_{K+1}$，进行下一次迭代。

另外，由于围岩特征参数量级悬殊较大，对于优化问题势必会浪费很多时间，甚至可能导致失败，因此为了得到合理的优化结果，本文采用了变量等数量化的尺度变换技术，Feng Ziliang

(1987)、刘新宇(1986)等对此作了研究。具体的尺度变换要针对具体实际工程,一般说参数数量级基本控制在相差不太大的情况下即可。

下一节提供的算例分别采用了不同的优化技术,从反分析结果比较可以得到对适合于复杂岩体性态参数反分析两种优化方法的评价。

5.3.4　算例分析及讨论

为了考虑系统输入、输出及岩性参数对反分析结果的影响,在此列举一算例。由于其是采用数值正分析结果来反推初始参数,从本质上讲这是没有任何意义的,然而作为一种说明各种因素考虑不一,其对反分析结果的影响对实际工程还是有指导意义的。

某隧洞为一圆形断面,半径为 3.0 m,均质岩性,其有限元剖分网格如图 5-3 所示,测点为图中 12,23,34,45,56。作为验证,先对该隧洞进行有限元正分析,设初始地应力 $\sigma_x = \sigma_y =$ 10.0 MPa,其杨氏模量 $E = 2\,100$ MPa,泊松比 $\nu =$ 0.2,黏结力 $c = 1.1$ MPa,摩擦角 $\varphi = 30°$,有限元 NCAP-2D 软件计算测点位移见表 5-2,然后以计算的位移考虑各种因素进行参数反分析,反分析前假设各参数范围以构成约束条件缩短搜索时间,参数范围为(已变换尺度):

$$2.0 \leqslant E \leqslant 2.4; \quad 0.1 \leqslant \nu \leqslant 0.3;$$
$$0.9 \leqslant c \leqslant 1.2; \quad 2.8 \leqslant \varphi \leqslant 3.4。$$

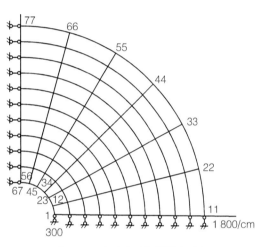

图 5-3　有限元网络简图及测点

表 5-2　有限元正分析测点位移　　　　　　　单位:cm

位移 \ 测点	12	23	34	45	58
U_x	−0.238 3	−0.213 7	−0.174 4	−0.123 3	−0.083 8
U_y	−0.084 8	−0.125 1	−0.177 0	−0.216 9	−0.242 0
$\sqrt{U_x^2 + U_y^2}$	0.247 0	0.247 8	0.248 3	0.249 5	0.250 3

首先来考虑采用可变容差法和综合约束函数双下降法两种不同的优化技术对反分析结果的影响,为简便起见就弹性情况最小二乘法的目标函数来进行反分析弹性模量 E 的比较,置初始值 $E_0 = 2\,250$ MPa,两种优化技术的反分析比较见表 5-3。

表 5-3　不同优化技术反分析比较

参数及特征 类别		E/MPa	目标函数值	迭代次数	调用有限元次数
可变容差法		2 131.25	1.053×10^{-4}	9	29
	误差/%	1.488			
综合约束函数双下降法		2 143.289	6.233×10^{-4}	6	25
	误差/%	2.061			

由表 5-3 可以看到,可变容差法较综合约束函数双下降法要多耗机时,然而其反分析精度要高于后者,著者也曾就本算例进行弹塑性不同优化技术反分析的比较计算,发现对于综合约束双下降法出现了发散情况,而在同样情况下可变容差法得到了较满意的结果,即使不出现发散情况,综合约束双下降法要以差分代表求导而调用有限元计算次数并不比可变容差法直接搜索调用有限元次数少,因此就耗机时上讲,综合约束双下降法比可变容差法优越不了多少。

综合上述分析,考虑反分析精度及耗机时两方面原因,下面的反分析宜采用可变容差法优化技术。

考虑的各种情况分别如下。

(1) 进行最小二乘法分析结果及误差分析见表 5-4。

表 5-4　参数先验信息

参数 特性	E	ν	c	$\varphi(x)$
均值	2 100	0.21	1.15	3.1
方差	100	0.05	0.125	2.5

(2) 在情况(1)分析的基础上进一步考虑参数先验信息,假设先验分布服从正态密度函数,其均值、方差见表 5-5,反分析结果见表 5-6,可以发现,考虑参数先验情况并不会影响迭代次数,但对反分析的结果还是有影响的,它使结果更趋于"真值"。

表 5-5　测点变形均值及方差

测点 特征	12	23	34	45	56
均值	0.247 0	0.247 6	0.248 5	0.249 5	0.250 3
方差	0.070 7	0.070 8	0.070 8	0.070 7	−0.069 4

表 5-6　各种因素影响反分析结果比较

类别	情况	参数	E	ν	c	φ	迭代次数
	真值		2 100	0.2	1.1	30	—
1	最小二乘法	反分析值	2 082.71	0.189 797	1.130 23	31.264 8	19
		误差/%	0.823 3	5.101 5	2.748 2	4.216	
2	考虑先验	反分析值	2 098.35	0.182 417	1.113 51	31.106 8	19
		误差/%	0.785 7	8.791 5	1.228 2	3.689 3	
3	考虑荷载	反分析值	2 087.71	0.194 085	1.157 7	31.330 2	14
		误差/%	0.585 2	2.957 5	5.245 5	4.434	
4	考虑变形	反分析值	2 249.46	0.144 437	1.122 57	31.430 2	15
		误差/%	7.171 4	27.815	2.051 8	4.767 3	
5	考虑荷载位移	反分析值	2 283.53	0.110 704	1.193 54	31.219 6	16
		误差/%	8.739 5	44.648 0	8.503 6	4.065 3	
6	考虑先验荷载	反分析值	2 102.55	0.202 582	1.124 10	31.343 5	15
		误差/%	0.121 4	1.291 0	2.190 9	4.478 3	
7	考虑先验变形	反分析值	2 122.3	0.089 122	1.201 68	31.557 3	27
		误差/%	1.061 9	55.439 2	9.243 6	5.191	
8	考虑先验荷载变形	反分析值	2 116.83	0.089 191	1.145 98	30.860 5	22
		误差/%	0.801 4	55.404 4	4.18	2.868 3	

(3) 仅只考虑初始地应力不确定性量的影响,假使地应力服从正态分布,其均值和方差分别为

$$m(\sigma_x) = m(\sigma_y) = 10.0\,\mathrm{MPa}; \ m(\tau_{xy}) = 0.0; \ D(\sigma_x) = D(\sigma_y) = 1.15$$

反分析结果见表 5-6,比较表明地应力的不确定性对参数反分析的结果有一定的影响;表中,E、ν、c 同最小二乘法比较相差不大,但更接近于理论真值,而 φ 值则偏离真值较大,且迭代次数远少于不考虑地应力的反分析情况。

(4) 仅考虑量测变形的不确定性量的影响,设其分布服从正态密度函数,均值及方差见表 5-5,反分析结果见表 5-6,分析表明,变形的不确定性对反分析结果有一定的影响,同最小二乘反分析法相比,其对泊松比 ν 的影响最大,其次是杨氏模量 E 和内摩擦角 φ,而对黏结力的影响不是太大。

(5) 在最小二乘法基础上同时考虑输入、输出不确定性,其均值、方差分别与情况(3)、情况(4)相同,反分析结果见表 5-6。结果表明,同时考虑输入、输出即载荷和变形不确定性对反分析结果

的影响比单一考虑时要大,而且迭代次数也相对多些,同最小二乘反分析法相比,其对反分析结果影响更大。

(6) 同时考虑先验信息和输入(即载荷)不确定性,其载荷不确定性服从的分布及均值、方差与情况(3)相同,可以看到,在这种情况下其对反分析结果影响不大,而且迭代次数也相对少些,结果见表5-6。

(7) 同时考虑先验信息和输出(即变形)不确定性,其变形不确定性服从的分布及均值、方差与情况(4)相同,反分析结果见表5-6。通过分析对比可以看到,这种情况对反分析结果的泊松比影响最大,其次是黏结力 c 和内摩擦角 φ,较小的是对杨氏模量 E 的影响,然而其迭代次数很高。

(8) 如果同时考虑参数先验信息,输入(载荷)及输出(变形)的不确定性,且载荷与变形的不确定性服从的概率分布与其均值、方差分别同情况(3)、情况(4)一样,反分析结果见表5-6,结果表明,对泊松比的影响最大,但对 E, c, φ 影响同其他情况相比并不太明显,其迭代次数也较高。

上述几种情况只是针对考虑不同因素对反分析结果的影响时得出的一些结论,可供相关人士在具体工程实际中反分析参数时参考,另外上述分析是对四个参数进行的反分析,其中最明显的一个特点就是变形的不确定性对泊松比 ν 影响很大,反过来就是微小的泊松比变异都会导致相差较大的变形。

如果只考虑三个参数的反分析,如 E, c, φ,在考虑相同的因素情况下,其反分析结果要更精确些,而且迭代次数及调用有限元次数也会大大减少。例如只考虑先验信息,反分析结果同四个参数的反分析即上述情况(2)的比较见表5-7。

表5-7 四参数反分析与三参数反分析比较

情况 \ 参数		E	ν	c	φ	目标函数值	调有限元次数	迭代次数
四参数反分析		2 098.35	0.172 417	1.163 51	31.106 8	$3.337\ 101\times 10^{-4}$	55	19
	误差/%	0.785 7	13.791 5	5.773 6	3.689 3			
三参数反分析		2 103.11		1.133 47	31.094 4	$1.362\ 06\times 10^{-3}$	37	12
	误差/%	0.148 1		3.042 7	3.648			

本节基于概率与数理统计学中的 Bayesian 理论视围岩为一个系统,考虑了对系统参数反分析影响的输入即载荷和输出即变形的不确定性,建立了参数反分析的目标函数。由于目标函数是基于 Bayesian 理论,因而具有广义性,由此可以推出最大似然反分析、Markov 反分析及最小二乘反分析,故为基于 Bayesian 的广义参数反分析。算例分析并讨论了各种因素影响情况下对反分析结果的影响及其相互比较,为具体的工程分析提供了一定的参考价值。本节同时又考虑了不同的优化技术,并对其进行比较,发现在实际工程中直接搜索法可能更好些。需要注意的是本节反分析的结

果只是所研究围岩系统等效参数的均值,其方差的反分析由于涉及对有限元的控制方程求导,有待以后进一步研究。

5.4　区间逆反分析

随机理论、模糊数学、区间分析是解决不确定性问题的三种基本方法。随机理论需要知道不确定因素的统计信息(如均值和方差)和概率密度(分布)函数;模糊数学需要知道隶属函数,实际上这些函数难以确定。而运用区间分析的理论和方法来求解不确定性问题,只需要较少的已知信息(如具有的一定界限等),提高了分析结果的可靠性。在隧道及地下工程中的应用可参考刘世君(2004)的学术论文,在此不再详述。

第 6 章 非线性动态反馈与预报

地下工程是高度非线性的复杂系统,在施工建设中一直处于动态不可逆变化之中。为此借助于当代非线性科学对地下工程系统的力学行为进行反馈与预报。本章介绍地下工程系统特征及状态变量分析,建立状态变量的非线性动态模式反演及预报方法,并提出地下工程稳定性的数学度量分析方法,并介绍了这一方法在岩土工程中的应用。

非线性系统有其跨越学科领域的共同性质,形成了一些普适的概念,但各门学科有各自的非线性问题。

非线性和不确定性都是系统复杂性的主要表现形式。其实,大量的真实系统,特别是高科技领域中涉及的新开发或设计的系统,都是非线性的。同时,系统内部和系统外环境中存在着各种以不同方式影响系统性能的不确定性。地下工程开挖与支护过程都是高度非线性和不确定性的强耦合的系统。一些意外的事故和某种复杂操作任务也增加了系统的控制难度,而这些正是复杂地下工作系统要处理的。

地下工程系统是高度非线性复杂大系统,并始终处于动态不可逆变化之中。因此,要对它的力学行为进行预测与控制,必须借助于当代非线性科学。20 世纪 70 年代非线性理论正式成为解决非线性复杂大系统问题的有力工具,也是研究地下工程非线性系统理论的数理基础。

6.1 地下工程系统特征及状态变量

众所周知,地下工程是一个复杂的系统,在开挖施工中,涉及工程地质条件、围护或支护形式以及周围各类建(构)筑物等。地下工程系统状态变量的实测数据中蕴涵有关该系统演化发展的动态信息。描述地下工程系统演化发展的状态变量有多个,它们之间存在着相互联系。由于地下工程系统的复杂性,又不可能利用所有的状态变量来刻画其演化发展。因而,必须确定描述地下工程系统所需要的最少状态变量个数。耗散结构理论认为,系统的混沌吸引子可以确定这一数目。因此,研究地下工程系统的混沌吸引子维数有着极其重要的意义。

6.1.1 地下工程系统性态特征

1. 地下工程系统的普适性特征

地下工程系统的普适性包括系统的开放性、协同性和自组织性。

1) 系统的开放性

地下工程不是一个静止的、孤立的结构体系,而是一个开放系统,因为地下工程开挖过程是以"自然平衡→开挖→变形→稳定→再开挖→再变形→再稳定"为特征,并不断与外界进行物质和信息交换,岩土体质量不断减小,边界条件不断改变,岩土体应力与周围环境不断发生能量交换并达到新的平衡的过程。从开放性角度考虑,人们可以借助量测手段不断地获得关于系统演化发展的信息,从而把握其规律,并采取各种工程措施控制系统向稳定的方向演化。

2）系统的协同性

地下工程系统虽然在微观上处于随机、多样的状态,内部各因素间却互相影响和互相制约。在各因素中既存在快变量,也存在慢变量。前者的作用是瞬间的,如介质的弹性性质及其均值等;后者变化较慢,但常对整个系统的演变起重要作用,并控制系统逐渐向一定的有序结构方向演变,由此成为系统的序参量,如岩土体的流变性及其随机波动等。岩土体单元间的相互作用导致变形和应力重分布,形成系统的涨落。当变形的积累使系统达到突变的阈值时,微小涨落可突然放大,并被协同作用激发为巨涨落,导致系统的突变,即地下工程的破坏。由于地下工程系统的因素极为复杂,有许多不确定因素,微观涨落在总体上常表现为一个随机过程,可能有放大作用,也可能具有抑制作用。对地下工程变形进行控制的根本途径,是通过对序参量的把握控制协同作用的总体趋势,避免放大作用的出现。

3）系统的自组织性

地下工程系统是一个开放系统。开挖过程中,系统的物质和能量不断被带走和转移,并与周围环境进行能量交换。

根据地下工程系统的特点,理论分析中将其划分为单元时,主要有两种类型:应力释放单元和应力调整单元。开挖面处是应力释放单元,周围为应力调整单元。应力释放单元在应力释放过程中发生应力负积累,并通过应力调整单元同周围土体发生相互作用。它们之间相互制约和相互反馈,从而形成开放系统。

在开挖初期阶段,地下工程系统的物质和能量转移较少,应力释放单元的应力负积累也较少,系统内应力分布虽有小涨落存在,但基本处于均匀无序状态。即使系统内个别部分发生破坏,也多是独立的、个别的,相互之间关联程度较小,在时空分布上显得随机和杂乱无章,整个地下工程系统处于稳定状态。随着开挖的继续进行,更多的物质和能量被转移,单元之间的关联程度增大,并逐步呈现步调一致的状态,这类性质可称为地下工程系统的自组织性。随着应力释放单元进一步增加,单元之间的关联程度将进一步增强,当达到一定程度时,某一部位的破坏都可导致地下工程系统发生失稳。

通过上述对地下工程系统的开放性、协同性和自组织性的分析,可知对复杂的地下工程系统演化仍可寻找某种程度上的普适性,从而使从系统角度考察地下工程变形与稳定性的演化发展有了可能。

2. 地下工程的系统混沌特征及吸引子维数计算

如果地下工程变形过程完全确定,那么就能准确地进行预报;如果完全随机,则根本无法预报,这是两种极端情况。工程实践中的地下工程变形介于两者之间,即同时具有确定性与随机性特征,数学描述中,这类特征称为混沌特征。

根据系统论,系统是否进入混沌状态通常可由吸引子维数(attractor dimension)和李亚普诺夫指数(Lyapunov exponents)的特征判定。对于地下工程系统,变形与引起变形的各种因素或岩土体的力学性态参数均可看作地下工程这个大系统的状态变量,这些状态变量形成一个很大的状态空间。该系统在开挖前、施工中及后期阶段的某一瞬时状态,在这个空间上都对应相应的某一个点,这些状态空间点随时间在不断变化,因而形成一条曲线,即状态空间轨道。随着开挖和施工的不断进行,这个空间轨道收敛于一个不变的状态子集,则该状态不变子集为状态吸引子。耗散系统的吸引子可分为定常吸引子、周期吸引子、拟周期吸引子和混沌吸引子四类,与此对应的系统状态分别为定常态、周期态、拟周期态与混沌状态。迄今为止,对吸引子尚无严格的定义,其类型区分标志是其维数,四类吸引子的维数分别为 0,1,2 及类属非整数的分数。系统处于混沌状态时的吸引子维数称为混沌吸引子维数。李亚谱诺夫指数用于描述系统演化轨道的稳定性,系统处于混沌状态时至少有一个值大于零。用于判断系统处于混沌状态的准则如下:

(1) 系统吸引子为混沌吸引子,即吸引子维数为类属非整数的分数;

(2) 系统演化动态模式描述中,至少最大李亚普诺夫指数大于零。

由非线性系统动力学理论可知,系统状态变量的时间序列可用于获得关于系统演化发展的动态信息。可见,如果得到关于状态变量的一系列实测数据,并可构成足够的时间序列,即可据以分析在这一段时间内系统的演化特征,并由此预测其变化发展趋势。

工程实践表明,地下工程变形是一个明显随时间序列而发展的状态变量,且在地下工程系统中可兼容各输入元素共同作用的综合影响,因此采用地下工程变形的时间序列来研究支护系统的动力学特征。

假设下式所示的序列是长度为 n 的等时距位移时间序列(对非等时距序列,可由数据插值得出等时距序列):

$$y(t_1),\ y(t_2),\ \cdots,\ y(t_n)$$

依据这一时间序列构造的 m 维相空间 $\vec{Z}$ 为

$$\vec{Z} = \begin{bmatrix} Y_0 \\ Y_1 \\ \vdots \\ Y_{m-1} \end{bmatrix} = \begin{bmatrix} y(t_1) & y(t_2) & \cdots & y(t_n) \\ y(t_1+\mathrm{d}t) & y(t_2+\mathrm{d}t) & \cdots & y(t_n+\mathrm{d}t) \\ \vdots & \vdots & \vdots & \vdots \\ y(t_1+(m-1)\mathrm{d}t) & y(t_2+(m-1)\mathrm{d}t) & \cdots & y(t_n+(m-1)\mathrm{d}t) \end{bmatrix} \quad (6-1)$$

式(6-1)所示的相空间中,Y_i 代表该空间中的某一点,其坐标为

$$y(t_1+(i-1)\mathrm{d}t),\ y(t_2+(i-1)\mathrm{d}t),\ \cdots,\ y(t_n+(i-1)\mathrm{d}t),\ i=1,\cdots,m \quad (6-2)$$

下面研究相空间中任意两点 Y_i 与 Y_j 间的关联性 $(j=1,\cdots,m,\ j \neq i)$。点 Y_i 到点 Y_j 之间距离的计算式如下:

$$| Y_i Y_j | = \left(\sum_{k=1}^{n} \left[(y(t_k + (i-1)dt) - y(t_k + (j-1)dt)) \right]^2 \right)^{1/2} \tag{6-3}$$

给定正实数 r，令函数 $C_m(r)$ 表征 m 维相空间 $\vec{Z}$ 中的两点之间距离小于 r 的概率，计算式为

$$C_m(r) = \frac{1}{m^2} \sum_{i,j=0}^{m-1} H(r - | Y_i Y_j |) \tag{6-4}$$

式中，$H(x)$ 为海威塞德(Heavisid)函数，即

$$H(x) = \begin{cases} 1 & x > 0 \\ 0 & x \leqslant 0 \end{cases} \tag{6-5}$$

Nicolis，Prigogne (1986)证实了当 m 足够大和 r 足够小时，有如下的规律：

$$C_m(r) = r^{d_m} \tag{6-6}$$

式(6-6)表明函数 $C_m(r)$ 与距离 r 成幂次方关系，且幂指数也是相空间维数 m 的函数。若当增大到某一个值 m_s 时，d_m 不再随 m_s 的增大发生有意义的变化(理论上是不变，实际中允许其变化量保持到某一误差范围内)，即 d_m 对 m_s 是渐进的，此时相空间的吸引子存在，其维数 $D = d_{m_s}$，其表达式可由式(6-6)写出为

$$D = d_{m_s} = \frac{\ln C_{m_s}(r)}{\ln r} \tag{6-7}$$

式中，m_s 为饱和嵌入维数。

吸引子维数说明了在所观测数据的这段时间内，基坑系统的状态演化发展处于一个维数为 D 的混沌吸引子上。

表征地下工程系统特征的状态变量虽然有多种，其间却存在程度不一的相关性，加上通过现场监测获得状态变量的时间序列常需较高费用，故对系统描述研究确定所需状态变量的最少个数很有必要。按非线性动力学理论，描述系统特征的最少状态变量的个数可取为大于 D 的最小正整数。

6.1.2 工程实例计算

根据十多年前上海市的部分基坑工程监测资料，对各种类型的基坑工程计算饱和嵌入维数 m_s 和系统吸引子维数 D，围护类型包括地下连续墙围护加支撑、钻孔灌注桩围护加支撑及以水泥土搅拌桩墙体作围护结构等。

1. 上海长征医院峻岭广场基坑工程

上海长征医院峻岭广场位于成都北路、凤阳路交叉口，基坑开挖深度 $10.70 \sim 11.05$ m，平面尺寸 107 m×60 m，围护结构采用直径为 90 cm、桩长为 24 m 的钻孔灌注桩加两道钢筋混凝土支撑，外

侧设双排深层水泥搅拌止水桩。

依据监测得到的第二道支撑围檩的水平变位的时间序列数据(图6-1),计算该基坑系统的 $\ln C_m(r)$ 与 $\ln r$ 的关系,其结果如图6-2所示。由该图可见,当 m 超过5时,$\ln C_m(r)$ 与 $\ln r$ 的比值已基本保持不变,其值即为吸引子维数,有 $D=2.38$。

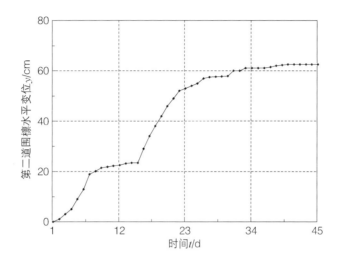

图6-1 上海长征医院峻岭广场基坑围护第二道
围檩水平变位—时间观测曲线

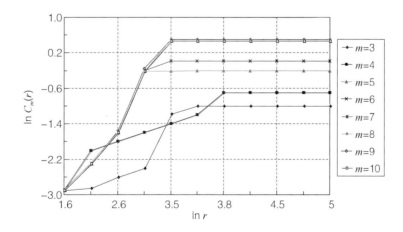

计算结果:饱和嵌入维数 $m_s=5$,吸引子维数 $D=2.38$。

图6-2 上海长征医院峻岭广场基坑 $\ln C_m(r)$—$\ln r$ 关系图

2. 上海人民广场地下商城基坑

上海人民广场地下商城位于人民广场地下,基坑开挖深度7.2 m,其围护结构采用水泥搅拌桩形成的自立式格栅挡土墙体,墙体宽 7.2 m,桩长 17.5 m。依据工程监测得到的墙体水平位移的时序资料(图 6-3),计算该基坑系统的 $\ln C_m(r)$ 与 $\ln r$ 的关系,其结果如图 6-4 所示。从该图可以看出,当 m 超过 6 时,$\ln C_m(r)$ 与 $\ln r$ 的比值保持不变,其值即为吸引子维数,有 $D = 1.64$。

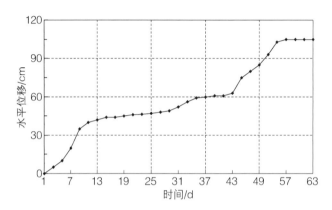

图 6-3　上海人民广场地下商城基坑墙体水平位移—时间观测曲线

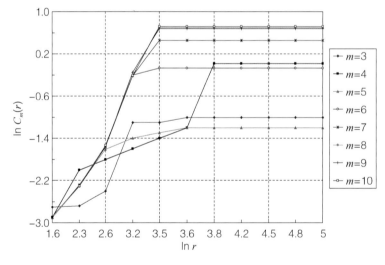

计算结果:饱和嵌入维数 $m_s = 6$,吸引子维数 $D = 1.64$。

图 6-4　上海人民广场广场基坑 $\ln C_m(r) - \ln r$ 关系图

3. 上海富容大厦基坑围护工程

上海富容大厦位于江宁路,近海防路,地点在原上海保温瓶二厂内,为一栋地上 20 层、地下 1 层的商办楼。基坑挖深 5.4 m,围护结构在江宁路侧采用钻孔灌注桩,并由单排搅拌桩止水。其他两侧采用宽 3.2 m 的格珊式深层搅拌桩墙体作为围护结构。依据由围护墙体西侧中间的墙顶水平位移的时间序列数据(图6-5),计算该基坑系统的 $\ln C_m(r)$ 与 $\ln r$ 的关系,其结果如图6-6所示。从该图可以看出,当 m 超过4时,$\ln C_m(r)$ 与 $\ln r$ 的比值基本保持不变,其值即为吸引子维数,有 $D = 1.18$。

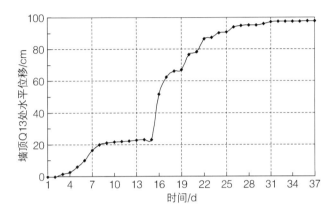

图6-5　上海富容大厦基坑墙顶水平位移-时间观测曲线

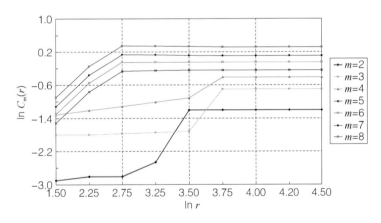

计算结果:饱和嵌入维数 $m_s = 4$,吸引子维数 $D = 1.18$。

图6-6　上海富容大厦基坑 $\ln C_m(r)$-$\ln r$ 关系图

4. 上海金叶大厦基坑围护工程

上海金叶大厦位于上海市黄浦区,占地面积 4 640 m²,为一栋主楼28层、裙房4层、地下2层的商办楼,该工程围护结构为地下连续墙加两道现浇钢筋混凝土的围护体系。依据由工程监测得到的第一道支撑轴力的时间序列数据(图6-7),计算该基坑系统的 $\ln C_m(r)$ 与 $\ln r$ 的关系,其结果如图6-8所示。从该图可以看出,当 m 超过4时,$\ln C_m(r)$ 对 $\ln r$ 的比值基本保持不变,其值即为吸引子维数,有 $D = 1.20$。

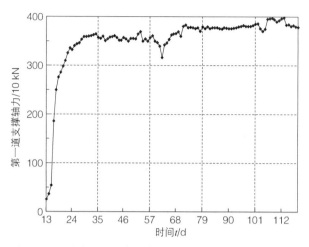

图 6-7　上海金叶大厦基坑第一道支撑轴力—时间观测曲线

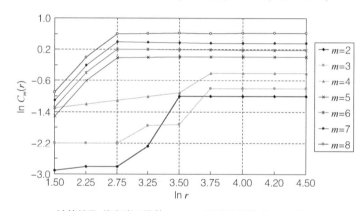

计算结果:饱和嵌入维数 $m_s = 4$,吸引子维数 $D = 1.20$。

图 6-8　上海金叶大厦广场基坑 $\ln C_m(r) - \ln r$ 关系图

　　上述工程实例表明,在基坑开挖施工过程中,基坑围护系统的状态演化发展处于一个维数不为整数的混沌吸引子上,其值大于 1 而小于 3,而与之相对应的饱和嵌入维数为 4～6 的数;故由此可确定描述基坑系统动态行为所需要的最少状态变量个数为 2～3 个。这一结果证实了基坑系统对开挖方式和外界环境十分敏感,因而具有易变性和难以预测的特点,说明了基坑系统是一个随时间演化发展的混沌体,该系统的行为并不遵从一个固定的力学性态模式。

6.2　地下工程状态变量的非线性动态模式反演及预报

　　地下工程是一个非常复杂的系统,从现场得到的实测数据是该系统的外观表征即系统输出,这些测试数据的变化体现了地下工程系统各种复杂因素之间的相互作用。系统特征分析得到了描述该系统所需要的最小状态变量个数,根据这个数目,可以选取描述地下工程系统动态行为的状态变量。这些状态变量在它们所组成的相空间中的演化发展轨迹便构成了基坑系统的动态模式。尽管不知道怎样描述这一系统的动态模式,但可事先假定为某种形式,依据状态变量的实测资料即系统一系列特解,通过逆问题求解反演其动态模式。

利用实测资料反演的动态模式是否能真正体现该系统的发展轨迹还需对其进行检验。作为一系列特解的实测资料为离散时序样本,反演得到的基坑系统动态模式即是对该时序样本数据进行统计分析的结果。为此,借鉴统计学理论对这一模式进行检验;若检验失败,重新假设动态模式再反演更新,以期得到能最大程度适合基坑系统动态行为的模型。利用得到检验的动态模型,则可对基坑系统动态行为进行预报。

在利用实测资料时,必须注意不同时刻的实测资料对当时围护系统的动态模式"贡献"是不一样的。显然,越是过去的其作用就越小,越是现在的其作用就越大。对实测资料的这种信息功能应该有一个量的认识,这有助于地下工程系统的动态行为预报。

非线性动态横式的建立过程如下。

一般说来,状态变量的选取应符合以下基本要求:①能较直观地反映系统的演化发展;②易于直接量测;③量测数据的离散性相对较小;④测试费用较低;⑤能直接用作分析地下工程变形与稳定性的依据。

满足上述要求的地下工程系统的状态变量可分为三个系列:

(1) 变形系列。如基坑周围土体或墙体的侧移和沉降,隧道的周边位移、拱顶下沉等。

(2) 应力系列。如基坑土体压力、墙体内力和支撑轴力,隧道的初衬混凝土内应力、围岩与二次衬砌的压力等。

(3) 水文系列。如地下水位、孔隙水压力、抽灌水速率或抽灌水量等。

上述三个系列中,类属变形系列的状态变量最能满足以上要求。类属应力系列和水文系列的状态变量一般总要通过别的物理量值进行换算,因而不够直观且测试费用较高,另外,还存在应力信息不够稳定,水位分析理论也不够完善等。

1. 非线性动态模式的假设

设 n 为描述基坑工程系统动态行为所需的最少状态变量个数。将 n 个状态变量记为 y_1, y_2, $\cdots$, y_n,设它们随时间而演化的动态规律可表示为

$$\left.\begin{aligned}
\frac{\mathrm{d}y_1}{\mathrm{d}t} &= f_1(y_1, y_2, \cdots, y_n) \\
\frac{\mathrm{d}y_2}{\mathrm{d}t} &= f_2(y_1, y_2, \cdots, y_n) \\
&\vdots \\
\frac{\mathrm{d}y_n}{\mathrm{d}t} &= f_n(y_1, y_2, \cdots, y_n)
\end{aligned}\right\} \tag{6-8}$$

式中，$f_i(y_1, y_2, \cdots, y_n)$ 为 $y_1, y_2, \cdots, y_n$ 的非线性函数，$i = 1, 2, \cdots, n$。

一般函数 $f_i(y_1, y_2, \cdots, y_n)$ 的具体表达形式是很难明确的，而实测资料可认为是式(6-8)的一组特解：

$$
\begin{array}{c}
y_1(t_1), \ y_1(t_2), \ \cdots, \ y_1(t_m) \\
y_2(t_1), \ y_2(t_2), \ \cdots, \ y_2(t_m) \\
\vdots \\
y_n(t_1), \ y_n(t_2), \ \cdots, \ y_n(t_m)
\end{array}
\tag{6-9}
$$

式中，t_j 为实测时刻；$y_i(t_j)$ 为变量 y_i 在 t_j 时刻的实测值，$j = 1, 2, \cdots, m$，其中，m 为实测序列长度。

为此将式(6-8)写成一阶中心差分形式，即

$$
\frac{y_i(t_{j+1}) - y_i(t_{j-1})}{t_{j+1} - t_{j-1}} = f_i\big[y_1(t_j), \ y_2(t_j), \ \cdots, \ y_n(t_j)\big], \ i = 1 \sim n, \ j = 2 \sim m-1 \tag{6-10}
$$

假设 $f_i(y_1, y_2, \cdots, y_n)$ 为 $y_1, y_2, \cdots, y_n$ 的非线性函数的组合，则有

$$
f_i(y_1, y_2, \cdots, y_n) = \sum_{l=1}^{k} p_{il} g_{il}(y_1, y_2, \cdots, y_n), \ i = 1, \cdots, n \tag{6-11}
$$

式中，$p_{i1}, p_{i2}, \cdots, p_{ik}$ 为与 $f_i(y_1, y_2, \cdots, y_n)$ 相对应的未知参数；$g_{i1}(y_1, y_2, \cdots, y_n)$，$g_{i2}(y_1, y_2, \cdots, y_n)$，$\cdots$，$g_{ik}(y_1, y_2, \cdots, y_n)$ 为 $y_1, y_2, \cdots, y_n$ 的非线性(包括线性)函数。

非线性函数有指数、多项式、对数、双曲线和三角函数等。根据研究结果，将动态模式假设为状态变量的多项式，并将多项式的次数取为 3 次，较为直观和简单。

首先将状态变量无量纲化，对于由两个状态变量 y_1，y_2 描述的基坑系统，动态模式形式可假设为

$$
\left.
\begin{aligned}
\frac{\mathrm{d}y_1}{\mathrm{d}t} &= f_1(y_1, y_2) = \sum_{l=1}^{10} p_{1l} g_{1l}(y_1, y_2) \\
&= p_{1,1}y_1 + p_{1,2}y_2 + p_{1,3}y_1^2 + p_{1,4}y_2^2 + p_{1,5}y_1 y_2 + p_{1,6}y_1^3 + \\
&\quad p_{1,7}y_2^3 + p_{1,8}y_1 y_2^2 + p_{1,9}y_1^2 y_2 + p_{1,10} \\
\frac{\mathrm{d}y_2}{\mathrm{d}t} &= f_2(y_1, y_2) = \sum_{l=1}^{10} p_{2l} g_{2l}(y_1, y_2) \\
&= p_{2,1}y_1 + p_{2,2}y_2 + p_{2,3}y_1^2 + p_{2,4}y_2^2 + p_{2,5}y_1 y_2 + p_{2,6}y_1^3 + \\
&\quad p_{2,7}y_2^3 + p_{2,8}y_1 y_2^2 + p_{2,9}y_1^2 y_2 + p_{2,10}
\end{aligned}
\right\}
\tag{6-12}
$$

将式(6-12)代入式(6-10)，并将最少状态变量的个数仍记为 n，采用矩阵表达，即

$$\boldsymbol{D}_i = P_i \boldsymbol{G}_i \qquad (6-13)$$

式中 $\quad \boldsymbol{D}_i = \begin{bmatrix} d_{i1} & d_{i2} & \cdots & d_{iM} \end{bmatrix}^{\mathrm{T}}$

$$= \begin{bmatrix} \dfrac{y_i(t_3) - y_i(t_1)}{t_3 - t_1} & \dfrac{y_i(t_4) - y_i(t_2)}{t_4 - t_2} & \cdots & \dfrac{y_i(t_m) - y_i(t_{m-2})}{t_m - t_{m-2}} \end{bmatrix}^{\mathrm{T}} \qquad (6-14)$$

$$\boldsymbol{G}_i = \begin{bmatrix} g_{i11} & g_{i21} & \cdots & g_{ik1} \\ g_{i12} & g_{i22} & \cdots & g_{ik2} \\ \vdots & \vdots & \vdots & \vdots \\ g_{i1M} & g_{i2M} & \cdots & g_{ikM} \end{bmatrix} \qquad (6-15)$$

$$\boldsymbol{P}_i = \begin{bmatrix} p_{i1} & p_{i2} & \cdots & p_{ik} \end{bmatrix}^{\mathrm{T}} \qquad (6-16)$$

$$g_{ilj} = g_{il}(y_1, y_2, \cdots, y_n)|_{t=t_j} \qquad (6-17)$$

式中,$M = m-2$;$\boldsymbol{G}_i$ 为 $M \times k$ 阶矩阵,其元素为已知观测数据的函数,故式(6-13)为仅含未知参数 P_i 的线性方程组。

为了求得 k 个未知参数 p_{i1},p_{i2},$\cdots$,p_{ik},方程组阶数 M 必须大于 k,由此对观测数据序列的长度有一定要求。显然,式(6-13)描述的基坑系统动态模式的未知参数为 10 个,故所需要的时序长度至少为 12。

2. 模型参数的广义迭代反演方法

参数反演一般包括三种方法:基本反演、广义反演和迭代反演,由于现场测试数据较多离散性较大,容易发生奇异解现象,因此在研究和比较后,采用 Backus 提出的广义迭代反演方法。

广义迭代反演方法是先求得系数矩阵 $\boldsymbol{G}_i$ 的广义逆 $\boldsymbol{G}_i^+$,然后解得未知数

$$\boldsymbol{P}_i = \boldsymbol{G}_i^+ \boldsymbol{D}_i \qquad (6-18)$$

当矩阵是奇异或接近奇异时,其应用就得到了限制。因此,必须构造一种具有通常逆矩阵若干性质的矩阵,这样的矩阵称为广义逆。$\boldsymbol{G}_i$ 的广义逆 $\boldsymbol{G}_i^+$ 计算如下。

首先考察 $\boldsymbol{G}_i^{\mathrm{T}} \boldsymbol{G}_i$。这是一个 $k \times k$ 阶实对称矩阵,其特征值都是实数,而且有线性无关的特征向量。记下其特征值的排序,记为

$$|\lambda_1| \geqslant |\lambda_2| \geqslant \cdots \geqslant |\lambda_k| \qquad (6-19)$$

设式(6-19)中有 l 个非零的特征值 λ_1,λ_2,$\cdots$,λ_l,其余 $k-l$ 个特征值为零。将与 l 个非零特征值 λ_1,λ_2,$\cdots$,λ_l 相应的标准化特征向量记为 $\boldsymbol{U}_1$,$\boldsymbol{U}_2$,$\cdots$,$\boldsymbol{U}_l$,有

$$\boldsymbol{U}_j = (u_{1j} \quad u_{2j} \quad \cdots \quad u_{kj})^{\mathrm{T}} \qquad j = 1, 2, \cdots, l \qquad (6-20)$$

由此可构成矩阵 $\boldsymbol{B}_l$:

$$\boldsymbol{B}_l = \begin{bmatrix} \boldsymbol{U}_1 & \boldsymbol{U}_2 & \cdots & \boldsymbol{U}_l \end{bmatrix} = \begin{bmatrix} u_{11} & u_{12} & \cdots & u_{1l} \\ u_{21} & u_{22} & \cdots & u_{2l} \\ \cdots & & & \cdots \\ u_{k1} & u_{k2} & \cdots & u_{kl} \end{bmatrix} \qquad (6-21)$$

按下式构造新向量:

$$\boldsymbol{V}_j = \frac{\boldsymbol{G}_i \boldsymbol{U}_j}{\lambda_j} = (v_{1j}, \ v_{2j}, \ \cdots, \ v_{Mj})^\mathrm{T} \qquad (6-22)$$

据以得到矩阵 $\boldsymbol{A}_l$:

$$\boldsymbol{A}_l = \begin{bmatrix} \boldsymbol{V}_1 & \boldsymbol{V}_2 & \cdots & \boldsymbol{V}_l \end{bmatrix} = \begin{bmatrix} v_{11} & v_{12} & \cdots & v_{1l} \\ v_{21} & v_{22} & \cdots & v_{2l} \\ \cdots & & & \cdots \\ v_{M1} & v_{M2} & \cdots & v_{Ml} \end{bmatrix} \qquad (6-23)$$

令 l 个非零的特征值 $\lambda_1, \lambda_2, \cdots, \lambda_l$ 组成的对角矩阵为 $\boldsymbol{C}_l$:

$$\boldsymbol{C}_l = \begin{bmatrix} \lambda_1 & 0 & \cdots & 0 \\ 0 & \lambda_2 & \cdots & 0 \\ \cdots & \cdots & \cdots & \cdots \\ 0 & 0 & \cdots & \lambda_l \end{bmatrix} \qquad (6-24)$$

即可得到广义逆 $\boldsymbol{G}_i^+$ 的表达式:

$$\boldsymbol{G}_i^+ = \boldsymbol{B}_l \boldsymbol{C}_l^{-1} A_l^\mathrm{T} \qquad (6-25)$$

为提高解的精度,采用迭代方法求解。迭代式为

$$D_i - \boldsymbol{G}_i \overline{P_{iN}} = \boldsymbol{G} \Delta \overline{P_{i,\,N+1}} \qquad (6-26)$$

$$\overline{P_{i,\,N+1}} = \overline{P_{i,\,N}} + \Delta \overline{P_{i,\,N+1}} \qquad (6-27)$$

式中, $\Delta \overline{P_{i,\,N+1}}$ 为迭代误差, $N=0, 1, 2, \cdots$ 为迭代次数。

利用式(6-26)和式(6-27)反复迭代,直到 $\Delta \overline{P_{i,\,N+1}} \to 0$,满足精度要求。

3. 非线性动态模式的检验

由于多变量之间非线性函数关系较为复杂,假设的系统动态模式是否真正反映基坑系统演化发展的动态模式,要进一步检验。

如果已经反演出了系统动态模式,对于式(6-13)中的第 i 个表达式,其反演的误差 $\boldsymbol{ER}_i$ 可写成

$$\boldsymbol{ER}_i = \begin{bmatrix} \varepsilon_{i1} \\ \varepsilon_{i2} \\ \vdots \\ \varepsilon_{iM} \end{bmatrix} = \begin{bmatrix} d_{i1} \\ d_{i2} \\ \vdots \\ d_{iM} \end{bmatrix} - \begin{bmatrix} g_{i11} & g_{i21} & \cdots & g_{ik1} \\ g_{i12} & g_{i22} & \cdots & g_{ik2} \\ \vdots & \vdots & \vdots & \vdots \\ g_{i1M} & g_{i2M} & \cdots & g_{ikM} \end{bmatrix} \begin{bmatrix} p_{i1} \\ p_{i2} \\ \vdots \\ p_{ik} \end{bmatrix} \tag{6-28}$$

式(6-28)也可以写成

$$\begin{bmatrix} d_{i1} \\ d_{i2} \\ \vdots \\ d_{iM} \end{bmatrix} = \begin{bmatrix} g_{i11} & g_{i21} & \cdots & g_{ik1} \\ g_{i12} & g_{i22} & \cdots & g_{ik2} \\ \vdots & \vdots & \vdots & \vdots \\ g_{i1M} & g_{i2M} & \cdots & g_{ikM} \end{bmatrix} \begin{bmatrix} p_{i1} \\ p_{i2} \\ \vdots \\ p_{ik} \end{bmatrix} + \begin{bmatrix} \varepsilon_{i1} \\ \varepsilon_{i2} \\ \vdots \\ \varepsilon_{iM} \end{bmatrix} \tag{6-29}$$

或

$$\boldsymbol{D}_i = \boldsymbol{P}_i \boldsymbol{G}_i + \boldsymbol{ER}_i \tag{6-30}$$

式中,右端第一项是趋势项,它控制着基坑系统发展的主要趋势,系数为 $\boldsymbol{P}_i$;第二项是随机项,它体现了所假设模型与系统演化趋势之间的误差,是由于各种随机因素所导致,因而也叫随机误差。

因而对应检验分两个方面:一为基坑系统动态模式的趋势项检验,二为随机项检验。

1) 地下工程系统动态模式趋势项检验

地下工程系统动态模式趋势项检验包括动态模式参数显著性检验、模式显著性检验和非线性项之间的多重共线性检验。

(1) 参数显著性检验

参数显著性检验是考察非线性表达式 $f_i(y_1, y_2, \cdots, y_n)$ 中各项 $\boldsymbol{G}_i \boldsymbol{P}_i$ 对系统发展的影响,即这些项的相对贡献大小。为了定量比较,可以用 t 检验来判别。

建立如下的统计量:

$$t_{il} = \frac{p_{il}}{S_{p_{il}}}, \ i = 1, 2, \cdots, n; \qquad l = 1, 2, \cdots, k \tag{6-31}$$

式中, $S_{p_{il}}$ 是样本标准差:

$$S_{p_{il}} = \sqrt{C_{il}} S = \sqrt{C_{il}} \sqrt{\frac{1}{M-k} \sum_{j=1}^{M} \left(\sum_{l=1}^{k} p_{il} g_{ij} - d_{ij} \right)^2}$$

$$i = 1, 2, \cdots, n; l = 1, 2, \cdots, k \tag{6-32}$$

式中, C_{il} 是矩阵 $(\boldsymbol{G}_i' \boldsymbol{G}_i)^{-1}$ 主对角线上的第 l 个元素。

建立 $\boldsymbol{G}_i \boldsymbol{P}_i$ 对系统演变无显著影响的假设:

$$H_0 : p_{il} = 0, \qquad l = 1, 2, \cdots, k \tag{6-33}$$

若 $$|t_{il}| > t_{\alpha/2}(M-k) \tag{6-34}$$

成立,则否定假设 H_0,说明非线性表达式 $f_i(y_1,y_2,\cdots,y_n)$ 中第 j 项 $g_{ij}p_{ij}$ 对系统演变有显著的影响;反之,假设 H_0 成立,$g_{ij}p_{ij}$ 对系统演变没有显著的影响。

在完成检验后,剔除那些对系统演变没有作用或者作用甚微的无关项,就得到所要反演的动态模式。如果还要提高反演精度,可以对已剔除了无关项后的动态模式再进行一次反演。这样,原有的 k 项便会变成 k' 项:

$$f_i(y_1,y_2,\cdots,y_n) = \sum_{l=1}^{k'} g_{il}(y_1,y_2,\cdots,y_n)p_{il}, \quad i=1,2,\cdots,n, \quad k'\leqslant k \tag{6-35}$$

(2) 动态模式显著性检验

根据实测资料反演基坑系统动态模式时,在反演出非线性函数项的未知参数并对之进行显著性检验后,还要对整个动态模式的显著性进行假设检验,以考证它是否能够描述基坑系统的动态行为。

建立动态模式无显著性的假设

$$H_0: p_{i1} = p_{i2} = \cdots = p_{ik} = 0 \tag{6-36}$$

建立统计量

$$F_i = \frac{\sum_{j=1}^{M}\left(\sum_{l=1}^{k} p_{il}g_{ilj} - \frac{1}{M}\sum_{j=1}^{M} d_{ij}\right)^2}{\sum_{j=1}^{M}\left(d_{ij} - \frac{1}{M}\sum_{j=1}^{M} d_{ij}\right)^2} \frac{M-k}{k-1}, \quad i=1,2,\cdots,n \tag{6-37}$$

根据应用统计理论,可以证明 F_i 服从第一自由度为 $k-1$、第二自由度为 $M-k$ 的 F 分布。因此,对于给定的检验水平 α,查 F 分布表的临界值 $F_\alpha(k-1,M-k)$。若

$$F_i > F_\alpha(k-1,M-k) \tag{6-38}$$

则否定假设,认为基坑系统动态模式有显著意义,其描述性较好,在可接受的范围内;反之,接受假设,动态模式无显著意义,在不可接受的范围内。

(3) 多重共线性检验

多重共线性是描述(6-18)右端各项之间存在的线性关系(或接近线性关系)。进行多重共线性检验的目的主要在于,如果式(6-18)右端某些项之间为完全线性相关,即之间的相关系数为1,则矩阵 $\boldsymbol{G}_i^{\mathrm{T}}\boldsymbol{G}_i$ 是不可逆的;若该矩阵的秩 $r(\boldsymbol{G}_i^{\mathrm{T}}\boldsymbol{G}_i)$ 小于未知参数的个数 k,则不能求解出这些参数;其次,若某些项之间接近完全的线性相关或高度的线性相关,即其之间的相关系数接近1,则 $\boldsymbol{G}_i^{\mathrm{T}}\boldsymbol{G}_i$ 接近奇异,这时得出来的 P_i 解极不稳定,即对误差十分敏感,反演失效。应用最小二乘法的一个重要条件是这些项之间为不完全的线性相关,即 $g_{il}(y_1,y_2,\cdots,y_n)$ 与 $g_{il'}(y_1,y_2,\cdots,y_n)$ 的相关系

数 $R_{ij'}$ 满足

$$R_{il'} \neq 1, \; i = 1 \sim n, \; l = 1 \sim k, \; l' = 1 \sim k, \; l \neq l' \tag{6-39}$$

且 $R_{il'}$ 的计算式为

$$R_{il'} = \frac{\sum\limits_{j=1}^{M} \left[\left(g_{ilj} - \frac{1}{M}\sum\limits_{j=1}^{M} g_{ilj} \right) \left(g_{il'j} - \frac{1}{M}\sum\limits_{j=1}^{M} g_{il'j} \right) \right]}{\sqrt{\sum\limits_{j=1}^{M} \left[\left(g_{ilj} - \frac{1}{M}\sum\limits_{j=1}^{M} g_{ilj} \right)^2 \left(g_{il'j} - \frac{1}{M}\sum\limits_{j=1}^{M} g_{il'j} \right)^2 \right]}}$$
$$i = 1 \sim n, \; l = 1 \sim k, \; l' = 1 \sim k \tag{6-40}$$

既然多重共线性的存在会削弱参数估计值的准确性与稳定性,则应尽可能地加以处理。至于多重共线性高到何种程度才认为不能忽视而必须加以处理,迄今尚无定论。L. R. Klein 认为,当 $R_{il'}^2 \geqslant \overline{R_i}^2$ 时,多重共线性才是严重的,这时候应加以消除。其中,$\overline{R_i}$ 是复相关系数:

$$\overline{R_i} = \sqrt{1 - \frac{\sum\limits_{j=1}^{M} \left(\sum\limits_{l=1}^{k} p_{il} g_{ilj} - \frac{1}{M}\sum\limits_{j=1}^{M} d_{ij} \right)^2}{\sum\limits_{j=1}^{M} \left(d_{ij} - \frac{1}{M}\sum\limits_{j=1}^{M} d_{ij} \right)^2}}, \; i = 1 \sim n \tag{6-41}$$

消除的常用方法有以下几种:

① 从这些高度相关、具有多重共线性的非线性项中不断地剔除某些项,剔除出去的项应与式 (6-18) 左端的差分项 $d_{ij}(i=1\sim n, \; j=1\sim M)$ 影响不显著,使得剩余项之间不存在这种关系或存在较弱的这种关系,并重新建立基坑系统动态模式而继续进行反演更新。

② 改变式中某些非线性项的定义形式,或定义新的非线性项来代替具有高度多重共线性的项。

③ 通过搜集更多的实测资料,增加样本容量,也可以达到避免或减少多重共线性的目的。

2）地下工程系统动态模式随机项检验

对地下工程系统动态模式随机项的检验包括两个方面:一是其概率分布的检验,二是序列相关与否的检验。

（1）概率分布检验

这一项的检验是考察随机项是否服从期望值接近零、方差接近固定值的正态分布,采用的方法就是一般数理统计的检验方法,此处略。

（2）序列不相关检验

这一项的检验是考察随机项之间是否具有序列相关性,即 ε_{ij} 与 $\varepsilon_{ij'}$ 之间的协方差是否为零或接近零:

$$Cov(\varepsilon_{ij}, \varepsilon_{ij'}) = 0, \ j = 1 \sim M, \ j' = 1 \sim M, \ j \neq j' \tag{6-42}$$

检验是否存在序列相关的方法是依据 Durbin-Watson 准则,即 DW 检验。根据 DW 统计量,可以对随机项是否存在序列相关进行检验。

假设随机项不存在序列相关,即建立假设

$$H_0 : R_{t-1} = 0 \tag{6-43}$$

根据给定的检验水平 α 及自变量个数 M 从 DW 检验表中查得相应的临界值 d_U,d_L,然后依据这两个值从 DW 检验判别表(表 6-1)得到检验结论。

表 6-1 DW 检验判别表

DW 值	检验结论
$4 - d_L < DW < 4$	否定假设,出现负序列相关
$0 < DW < d_L$	否定假设,出现正序列相关
$d_U < DW < 4 - d_U$	接受假设,无序列相关
其他	检验无结论

如果随机项的检验没有通过,说明随机项相互独立的假设不能成立,模型的解释程度低,必须加以调整。随机项产生序列相关的可能原因如下。

① 没有找到地下工程系统动态模型中重要的非线性项,而其影响在随机项中反映出来。

② 错误地确定了模型的数学形式。如地下工程系统动力学是高度非线性,而采用的是低度非线性,其随机项相互独立的假设必然难以成立。

③ 对原始数据进行“平滑”处理,也可能导致随机项逐期相关。

必须注意的是,在检验中,若其中某项内容得不到检验,就没有必要继续对其他内容进行检验。趋势项的检验显然比随机项要重要——即趋势项得到检验后随机项的检验才有意义;而在趋势项的检验中,参数的显著性检验更为重要。因此,本研究提出一个基本的检验顺序如下。

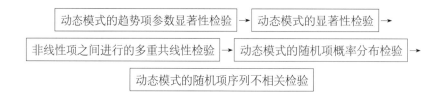

4. 基坑工程动态行为的预报

监测数据反演基坑系统的动态模式,不仅仅是揭示在监测时间内该系统所遵照的动态模式,更重要的是根据这一模式预报基坑系统的演化发展对基坑系统动态行为进行预报。

1) 可预报区间

若得到了检验的基坑系统动态模式的误差随机项服从如下的正态分布：

$$\boldsymbol{ER}_i \sim N(0,\sigma^2) \tag{6-44}$$

则基坑系统动态模式式(6-8)左端微分项的可预报区间为

$$f_i(y_1(t),y_2(t),\cdots,y_n(t))-\sigma < \frac{dy_i}{dt} < f_i(y_1(t),y_2(t),\cdots,y_n(t))+\sigma \tag{6-45}$$

由于对误差随机项检验的显著性水平是 α，那么，对这种可预报区间的可靠度便为 $1-\alpha$，σ 可由下式来估计：

$$\hat{\sigma} = \sqrt{\frac{1}{M}\sum_{j=1}^{M}\left(\varepsilon_{ij}-\frac{1}{M}\sum_{j=1}^{M}\varepsilon_{ij}\right)^2} \tag{6-46}$$

2) 信息权重修正预报法

工程实践及基坑系统吸引子研究表明，基坑系统的动态行为不会遵照一个固定的力学性态模式。因此，根据监测数据反演出来的基坑系统动态模式也只是在某种严格意义上揭示了在监测时间段内该系统所遵循的力学模式。另外，在工程中有足够的实测信息，而不同时刻的信息对基坑系统动态行为的"贡献"大小是不一样的。直观地讲，前期的实测资料对预报的作用较小，而越往后的实测资料对预报的作用越大。因此，定量地求得这些不同时刻状态变量监测数据对预报的作用(或影响权重)是非常重要的。

假设有 M 个初始已知条件，即已知时刻 t_1，t_2，$\cdots$，t_M 的实测资料为

$$y_i(t_1),y_i(t_2),\cdots,y_i(t_M) \tag{6-47}$$

现在讨论基于这 M 个初始条件对时刻 t_{M+k} 的预报情况($k>1$)。

假定根据时刻 t_j 状态变量实测资料 $y_i(t_j)$ 对时刻 t_{M+k} 的预报权重为 w_{jk}，按基本预报方法得到的预报值为 $\overline{y_{ij}}(t_{M+k})$；根据上一时刻 t_{j-1} 状态变量实测资料 $y_i(t_{j-1})$ 对时刻 t_{M+k} 的预报权重为 $w_{j-1,k}$，按基本预报方法得到的预报值为 $\overline{y_{i,j-1}}(t_{M+k})$，$j=2,3,\cdots,M$，二者权重比值是 λ，则有

$$w_{jk} = \lambda w_{j-1,k} \tag{6-48}$$

$$w_{1k}+w_{2k}+w_{3k}+\cdots+w_{Mk} = 1 \tag{6-49}$$

λ 的取值方法采用系统层次分析法中的"两两判断标度法"：两元素相比较若同等重要，则影响权重比为1；若前者比后者稍微重要，则影响权重比为3。例如，当取 $\lambda=2$ 时，有

$$w_{1k} = \frac{1}{2\times(1+2^M)} \tag{6-50}$$

$$w_{jk} = 2w_{j-1,k}, \ k = 2, \cdots, M \qquad (6-51)$$

则可依此给出对时刻 t_{M+k} 状态变量的最终预报值 $y_i(t_{M+k})$，即

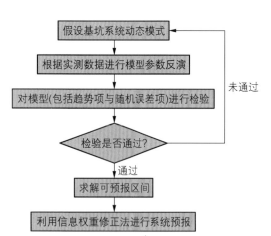

图 6-9　非线性动态模式反演预报流程

$$y_i(t_{M+k}) = \frac{\sum_{l=1}^{M} \overline{y_{il}(t_{M+k})} w_{lk}}{\sum_{l=1}^{M} w_{lk}} \qquad (6-52)$$

上述的信息权重修正预报法虽然带有一定的主观性，但它定量地表达了不同时刻的状态变量的实测资料对预报的作用大小，即综合了实测资料所给出的所有信息，故这一结果会更为客观与可靠。

3）非线性动态模式反演预报流程

通过上述的动态模式假设及反演检验和预报，采用现场实测数据反演基坑动态模式并对基坑系统的未来进行预报，反馈程序如图 6-9 所示。

6.3　地下工程稳定性动态反馈的数学方法

地下工程体系与周围岩土体是由多种介质组成的高度复杂的动态系统，该系统的动态行为是多种因素共同作用的结果，地下工程的动态行为机制很难用一个固定不变的模式进行准确描述，因而地下工程系统的稳定性是一个随时间演化发展的不确定过程。我们已经建立了地下工程系统的动态模式，该动态模式是基坑系统在现时阶段的反映，动态模式不稳定，也即代表所描述的地下工程不稳定。研究动态模式的稳定需利用系统动态稳定性理论。系统的稳定性理论最早由著名学者李亚普诺夫(A. M. Lyapounov)于 19 世纪 90 年代开创，并在物理科学和工程技术的各个部门都得到了广泛的应用。

在地下工程开挖中，现场的技术人员及专家对地下工程的动态稳定性大多都有一个大致的评价。基于地下工程系统动态稳定性的分析有定量的认识。若结合现场工程师的经验进行信息方面的处理，则会更有利于准确、客观地分析地下工程系统动态稳定性。

6.3.1　动态稳定性状态的定义

设地下工程系统的状态变量的个数为 n，而在时刻 t_0 的状态变量空间为 $\vec{Y}(t_0)$，且其服从动态模式

$$\frac{\mathrm{d}y_i(t)}{\mathrm{d}t} = f_i(y_1(t), y_2(t), \cdots, y_n(t)), \ i = 1, 2, \cdots, n \qquad (6-53)$$

式中，$f_i(y_1(t), y_2(t), \cdots, y_n(t))$为非线性函数。

对该系统施加一微小扰动 $\mathrm{d}\vec{P}$(基坑开挖过程可视为连续微小扰动的叠加)，由此引起的状态变量的变化量为 $\mathrm{d}\vec{Y}(t_0)$，若在 $t \to +\infty$ 时，$\|\mathrm{d}\vec{Y}(t_0)\| \to 0$，则地下工程系统在 t_0 时刻处是稳定的；若 $\|\mathrm{d}\vec{Y}(t_0)\| \to +\infty$，则地下工程系统在 t_0 时刻处是不稳定的；若 $0 < \|\mathrm{d}\vec{Y}(t_0)\| < \varepsilon$，则称地下工程系统在 t_0 时刻处于临界状态。下面对地下工程系统给出这三种状态的数学定义。

[定义 1] 任取 $\varepsilon > 0$ ($\varepsilon \leqslant H$, ε 为任意小的正实数，$H > 0$ 为 ε 的上限)，对于任意给定的初始时刻 $t_0 > 0$，存在 $\delta(t_0, \varepsilon) = \delta'(t_0) > 0$；对于任意初始扰动 $\mathrm{d}\vec{P}$，只要 $\|\mathrm{d}\vec{P}\| < \delta'(t_0)$，对于一切 $t \geqslant t_0$，有

$$\|\mathrm{d}\vec{Y}(t_0)\| < \varepsilon \text{ 且 } \lim_{t \to \infty} \|\mathrm{d}\vec{Y}(t_0)\| = 0 \qquad (6-54)$$

则称基坑系统在该平衡位置稳定。

[定义 2] 任取 $\varepsilon > 0$ ($\varepsilon \leqslant H$, ε 为任意小的正实数，$H > 0$ 为 ε 的上限)，对于任意给定的初始时刻 $t_0 > 0$，存在 $\delta(t_0, \varepsilon) = \delta'(t_0) > 0$；对于任意初始扰动 $\mathrm{d}\vec{P}$，只要 $\|\mathrm{d}\vec{P}\| < \delta'(t_0)$，对于一切 $t \geqslant t_0$，有

$$\|\mathrm{d}\vec{Y}(t_0)\| < \varepsilon \text{ 且 } \lim_{t \to \infty} \|\mathrm{d}\vec{Y}(t_0)\| \neq 0 \qquad (6-55)$$

则称基坑系统在该平衡位置处于临界状态。

[定义 3] 任取 $\varepsilon > 0$ ($\varepsilon \leqslant H$, ε 为任意小的正实数，$H > 0$ 为 ε 的上限)，对于任意给定的初始时刻 $t_0 > 0$，存在 $\delta(t_0, \varepsilon) = \delta'(t_0) > 0$；对于任意初始扰动 $\mathrm{d}\vec{P}$，只要 $\|\mathrm{d}\vec{P}\| < \delta'(t_0)$，对于一切 $t \geqslant t_0$，有

$$\|\mathrm{d}\vec{Y}(t_0)\| > \varepsilon \qquad (6-56)$$

则称基坑系统在该平衡位置处于不稳定状态。

6.3.2　地下工程系统的动态稳定度

在反演分析得出的动态模式基础上，利用李亚普诺夫指数对地下工程进行系统动态稳定度分析，提出该系统动态稳定性的演化发展方向。

1. 地下工程系统的李亚普诺夫指数

在确立李亚普诺夫指数与地下工程系统动态稳定度的关系前，先给出动态稳定度的概念。表征动态稳定性大小的度量就是动态稳定度。

在 n 维欧氏空间 R^n 中，表征基坑系统演变动态模式的式(6-53)可用向量表达为

$$\frac{\partial \vec{Y}}{\partial t} = \dot{\vec{Y}} = \vec{F}(Y), \ \vec{Y} \in R^n \qquad (6-57)$$

式(6-57)为一非线性系统,用以表达由基坑系统的状态变量 y_1, y_2, $\cdots$, y_n 组成的状态空间向量 $\vec{Y}$ 在欧氏空间中演化发展的轨迹。

设在初始时刻 $t=t_0$,地下工程系统状态空间向量 $\vec{Y}$ 因微小扰动而导致变化 $\delta\vec{Y}(t_0)$,时间发展为 $t(t>t_0)$ 时演化为 $\delta\vec{Y}(t)$,则可将地下工程系统状态空间向量 $\vec{Y}$ 的轨迹的切空间向量 $\vec{W}(t)$ 写为

$$\vec{W}(t) = \underset{\|\delta\vec{Y}(t_0)\|\to 0}{c\lim} \frac{\|\delta\vec{Y}(t)\|}{\|\delta\vec{Y}(t_0)\|} \tag{6-58}$$

式中,$\|\quad\|$ 表示向量的模;c 为常系数。

$\vec{W}(t)$ 的演化方程可由式(6-57)得出,即

$$\dot{\vec{W}}(t) = J(\vec{Y}) \cdot \vec{W} \tag{6-59}$$

式中,$J(\vec{Y})$ 为 Jacobi 矩阵,有

$$J(\vec{Y}) = \frac{\partial\vec{E}}{\partial\vec{Y}} \tag{6-60}$$

由此,令切空间向量 $\vec{W}(t)$ 的特征指数(characteristic exponents)即李亚谱诺夫指数 $\vec{LE}$ 为

$$
\begin{aligned}
\vec{LE} &= \lim_{t\to\infty} \frac{1}{t}\ln\|\vec{W}(t)\| \\
&= \lim_{t\to\infty} \frac{1}{t} \lim_{\|\delta\vec{Y}(t_0)\|} \ln\frac{\|\delta\vec{Y}(t)\|}{\|\delta\vec{Y}(t_0)\|}
\end{aligned}
\tag{6-61}
$$

由式(6-61)可见,特征指数 $\vec{LE}$ 表示初始时刻由微小扰动导致的状态变量变化的指数速率,与之相应的变化量即为扰动引起的有效变量(effect variable)。在 R^n 情形下,特征指数共有 n 个,并有 $LE_{1j} \geqslant LE_{2j} \geqslant \cdots \geqslant LE_{nj}$,其中,$LE_{ij}$ 表示在 $t=t_j$ 时刻,地下工程系统的第 i 个状态变量沿某一方向的指数变化速率,其值即为 Jacobi 矩阵的特征值,与之相应的方向则由相应的特征向量给出。

下面将式(6-59)写成分量形式。将地下工程系统在某时刻 t_0 的状态用相空间中的点 $\boldsymbol{Y}_0 = (y_1(t_0), y_2(t_0), \cdots, y_n(t_0))^T$ 表示,经过微小时间 δt 变化后地下工程系统在相空间中的轨迹演化发展为点 $Y_0 + \delta Y = (y_1(t_0+\delta t), y_2(t_0+\delta t), \cdots, y_n(t_0+\delta t))^T$。$\delta Y$ 也可视为该系统受到的微小扰动,记 $\delta Y = (\delta y_1, \delta y_2, \cdots, \delta y_n)^T$,则有

$$\frac{\mathrm{d}\delta y_i}{\mathrm{d}t} = \sum_{i'=1}^{n} A_{ii'j}\delta y_{i'} \qquad i, i'=1\sim n; j=1\sim M \tag{6-62}$$

式中,n 为地下工程系统状态变量的个数;M 为时序资料长度;系数 $A_{ii'j}$ 为式(6-59)中 Jacobi 矩阵的元素,即

$$A_{ii'j} = \frac{\partial f_i(y_1,\ y_2,\ \cdots,\ y_n)}{\partial y_{i'}}\bigg|_{t=t_j}\quad i,\ i'=1\sim n;\ j=1\sim M \tag{6-63}$$

由此可得式(6-59)的分量表达式为

$$\frac{\mathrm{d}\boldsymbol{W}_j}{\mathrm{d}t} = \boldsymbol{J}_j\boldsymbol{W}_j,\ j=1\sim M \tag{6-64}$$

其中

$$\boldsymbol{W}_j = (\delta y_1,\ \delta y_2,\ \cdots,\ \delta y_n)^{\mathrm{T}}\big|_{t=t_j} \tag{6-65}$$

$$\boldsymbol{J}_j = \begin{pmatrix} A_{11j} & A_{12j} & \cdots & A_{1nj} \\ A_{21j} & A_{22j} & \cdots & A_{2nj} \\ \vdots & \vdots & \vdots & \vdots \\ A_{n1j} & A_{n2j} & \cdots & A_{nnj} \end{pmatrix} \tag{6-66}$$

可见,若已求得 Jacobi 矩阵 $\boldsymbol{J}$ 的特征根,即可得出

$$LE_{1j} \geqslant LE_{2j} \geqslant \cdots \geqslant LE_{nj},\ j=1\sim M \tag{6-67}$$

例如,对于由两个状态变量 y_1,y_2 描述的地下工程系统的动态模式,其 Jacobi 矩阵可写为

$$\boldsymbol{J} = \begin{vmatrix} \dfrac{\partial \dot{y}_1}{\partial y_1} & \dfrac{\partial \dot{y}_1}{\partial y_2} \\[3mm] \dfrac{\partial \dot{y}_2}{\partial y_1} & \dfrac{\partial \dot{y}_2}{\partial y_2} \end{vmatrix} \tag{6-68}$$

式中,$\dot{y}_i = \dfrac{\mathrm{d}y_i}{\mathrm{d}t}$,$i=1,\ 2$。

地下工程系统演化发展轨道切空间的特征指数 LE_{1j},LE_{2j} 分别为式(6-68)所表达的矩阵的特征根,其表达式为

$$\left.\begin{aligned} LE_{1j} &= \frac{\dfrac{\partial \dot{y}_1}{\partial y_1}+\dfrac{\partial \dot{y}_2}{\partial y_2}+\sqrt{\left(\dfrac{\partial \dot{y}_1}{\partial y_1}+\dfrac{\partial \dot{y}_2}{\partial y_2}\right)^2-4\left(\dfrac{\partial \dot{y}_1}{\partial y_1}\dfrac{\partial \dot{y}_2}{\partial y_2}-\dfrac{\partial \dot{y}_1}{\partial y_2}\dfrac{\partial \dot{y}_2}{\partial y_1}\right)}}{2} \\[5mm] LE_{2j} &= \frac{\dfrac{\partial \dot{y}_1}{\partial y_1}+\dfrac{\partial \dot{y}_2}{\partial y_2}-\sqrt{\left(\dfrac{\partial \dot{y}_1}{\partial y_1}+\dfrac{\partial \dot{y}_2}{\partial y_2}\right)^2-4\left(\dfrac{\partial \dot{y}_1}{\partial y_1}\dfrac{\partial \dot{y}_2}{\partial y_2}-\dfrac{\partial \dot{y}_1}{\partial y_2}\dfrac{\partial \dot{y}_2}{\partial y_1}\right)}}{2} \end{aligned}\right\} \tag{6-69}$$

若某时刻各状态变量在状态空间中沿各自方向上的指数变化速率大(即与各状态变量对应的李亚普诺夫指数大),则表明该时刻地下工程系统对外界干扰的反应灵敏,扰动效应量的增长将越来越快,地下工程系统的动态稳定性较差,其动态稳定度较小;反之,若某时刻各状态变量在状态空

间中沿各自方向上的指数变化速率小(即与各状态变量对应的李亚普诺夫指数小),则表明该时刻地下工程系统对外界干扰的反应较小,扰动效应量的增长将越来越慢,地下工程系统的动态稳定性较好,其动态稳定度较大。

2. 地下工程系统动态稳定度的确定

地下工程系统的演化发展是一个混沌体,即系统状态变量的相空间处于维数不为整数的吸引子上。因此,整个系统的动态稳定度也存在发展度量与趋势,并可体现在该系统对于随机扰动方向的反应,即李亚普诺夫指数的概率取向。

首先考察李亚普诺夫指数对于随机选择方向 $\vec{Y_0}$ 的取值。为此,将 $\vec{Y_0}$ 分解成基底为 $\{e_i\}$ 方向的分量:

$$\vec{Y_0} = \sum_{i=1}^{n} c_i e_i, \ c_i \neq 0 \qquad (6-70)$$

假设李亚普诺夫指数 $LE_{1j} \geqslant LE_{2j} \geqslant \cdots \geqslant LE_{nj}$ 已知,最大值为

$$LE_{j, \max} = LE_{1j} \qquad (6-71)$$

当时间 t 很长时,$\vec{Y_t}$ 的性态可借助法方向变化量的平均值描述。根据向量微分方程理论及式(6-71),可得

$$\parallel \vec{Y_t} \parallel = \parallel \sum_{i=1}^{n} c_i \vec{e_i} e^{LE_{ij}t} \parallel = e^{LE_{1j}t} \parallel c_1 \vec{e_1} + \sum_{i=2}^{n} c_i \vec{e_i} e^{(LE_{ij}-LE_{1j})t} \parallel \qquad (6-72)$$

按照式(6-61)的定义,有

$$
\begin{aligned}
\vec{LE} &= \lim_{t \to \infty} \frac{1}{t} \ln \parallel \vec{W}(t) \parallel \\
&= \lim_{t \to \infty} \frac{1}{t} \lim_{\parallel \delta \vec{Y}(t_0) \parallel} \ln \frac{\parallel \delta \vec{Y}(t) \parallel}{\parallel \delta \vec{Y}(t_0) \parallel} \\
&= \lim_{t \to \infty} \frac{1}{t} \ln \parallel \delta \vec{Y}(t) \parallel - \lim_{t \to \infty} \frac{1}{t} \ln \parallel \delta \vec{Y}(t_0) \parallel \\
&= \lim_{t \to \infty} \frac{1}{t} \ln \parallel \delta \vec{Y}(t) \parallel \\
&= \lim_{t \to \infty} \frac{1}{t} \ln e^{LE_{1j}t} + \lim_{t \to \infty} \frac{1}{t} \ln \parallel c_1 \vec{e_1} + \sum_{i=2}^{n} c_i \vec{e_i} e^{(LE_{ij}-LE_{1j})t} \parallel \\
&= LE_{1j} \\
&= LE_{j, \max}
\end{aligned}
\qquad (6-73)
$$

因此,对于随机扰动方向,李亚普诺夫指数为概率为 1 时的指数 LE_{1j}。因此,最大李亚普诺夫指数 LE_{1j} 可用作地下工程系统动态稳定度的评价指标,并据此对地下工程系统的动态稳定性进行分类。

6.3.3 信息扩散理论与地下工程系统动态稳定性的分类

地下工程开挖过程中,现场技术人员及专家对地下工程的动态稳定性都有大致的评价,并有定量的认识。这类认识大多是依据单个或多个状态变量的实测数据作出的判断,而并未用系统的理论进行深入分析。这类经验如能与利用系统演化发展状态空间切向量的特征指数,即李亚普诺夫指数分析系统的动态稳定性相结合,并确定其动态稳定度,将更有利于较为准确、客观地把握地下工程系统的动态稳定性。

1. 地下工程系统动态稳定性的分类

对于地下工程系统单个状态变量实测数据的时间序列,若在时刻 t_j 的实测值为 $\overline{y}_{ij}$,经过 Δt_j 后(即在时刻 t_{j+1} 时)为 $\overline{y}_{i,j+1}$,则有

$$\overline{y}_{i,j+1} = \overline{y}_{ij} \, e^{LE_s \Delta_j} \tag{6-74}$$

该状态变量在时刻 t_j 的变化率 δ_{ij} 为

$$\delta_{ij} = \frac{\overline{y}_{i,j+1} - \overline{y}_{ij}}{\overline{y}_{ij}} = e^{LE_{ij} \Delta t_j} - 1 \tag{6-75}$$

由此可得

$$LE_{ij} = \frac{\ln(\delta_{ij} + 1)}{\Delta t_j} \tag{6-76}$$

式(6-76)即为李亚普诺夫指数与状态变量变化率 δ_{ij} 之间的关系式。可见现场技术人员或专家经常依据状态变量的变化率 δ_{ij} 评价基坑的稳定性,显然有理论根据。为了定量评价系统的动态稳定度,作者建议将开挖过程中地下工程的动态稳定性按最大李亚普诺夫指数 $LE_{j,max}$ 的大小分为五类:Ⅰ类,很稳定;Ⅱ类,稳定;Ⅲ类,较稳定;Ⅳ类,较危险;Ⅴ类,危险。对 $LE_{j,max}$ 有

$$LE_{j,max} = \max\{LE_{1j}, LE_{2j}, \cdots, LE_{nj}\} \tag{6-77}$$

根据式(6-77),要确定 $LE_{j,max}$,须先确定 δ_{ij}。对于 δ_{ij} 大小的取定及其与各类动态稳定性之间的界限,作者依据诸多工程实践及有关专家学者的工程总结,给出如表6-2所示的关系。

表6-2 基坑系统动态稳定性分类

分类	Ⅰ类	Ⅱ类	Ⅲ类	Ⅳ类	Ⅴ类
δ_{ij}	<0	0~0.1	0.1~0.2	0.2~0.3	>0.3
$LE_{j,max}$	<0	0~0.095 3	0.095 3~0.182 3	0.182 3~0.262 4	>0.262 4

注:δ_{ij} 是单个状态变量的变化速率;$LE_{j,max}$ 是 t_j 时刻的最大李亚普诺夫指数。

由表 6 - 2 可见,某基坑系统的状态变量在某时刻的最大李亚普诺夫指数为 0.15,则基坑系统处于较稳定的状态;若在另一时刻的最大李亚普诺夫指数为 0.095 3,则按表 6 - 2 既可判定基坑系统处于稳定状态,也可判定基坑系统处于较稳定状态。这类矛盾由对基坑动态稳定性分类设置明确的区间界限引起的,如将分类模糊化,即对动态稳定性分类所依据的信息进行分配与扩散,这类现象就会消除。基于这个想法,先介绍关于信息分配与信息扩散的有关理论,然后提出依据信息扩散理论的基坑动态稳定性分类。

2. 信息扩散原理及信息扩散公式

设信息样本 A 的观测值(地下工程系统状态变量)的最大李亚普诺夫指数的时间历程为

$$A : LE_{1, max}, LE_{2, max}, \cdots, LE_{m, max} \tag{6-78}$$

式中,$LE_{j, max}$ 为在 t_j 时刻的最大李亚普诺夫指数。

按表 6 - 2 的规定,地下工程系统动态稳定性分类的界限值分别为 $U_2 = 0$, $U_3 = 0.095\,3$, $U_4 = 0.182\,3$ 和 $U_5 = 0.264\,2$。为使分类区域具有均一性,取 $U_1 = -0.105\,4$, $U_6 = 0.336\,5$,并令

$$S_i = \frac{U_i + U_{i+1}}{2}, \; i = 1, \cdots, 5 \tag{6-79}$$

显然,当最大李亚普诺夫指数 $LE_{j, max}$ 接近 S_i 时,LE_j 归入 S_i 所在稳定分类的模糊程度将较大;等于 S_i 时,其程度最大。在信息论中,S_i 称为信息控制点。可见依据最大李亚普诺夫指数 $LE_{j, max}$ 与信息控制点 S_i,稳定性分类可归入接近程度不同的两个类别。若 $S_i \leqslant LE_{j, max} \leqslant S_{i+1}$,可以简单地定义 $LE_{j, max}$ 归入 S_i 或 S_{i+1} 动态稳定性分类的模糊程度分别为

$$\mu(S_i) = 1 - \frac{LE_{j, max} - S_i}{S_{i+1} - S_i} \tag{6-80}$$

$$\mu(S_{i+1}) = 1 - \frac{S_{i+1} - LE_{j, max}}{S_{i+1} - S_i} \tag{6-81}$$

采用上述方法处理时,信息样本李亚普诺夫指数 $LE_{j, max}$ 分成了两个部分,称为信息分配。式(6 - 80)、式(6 - 81)亦称信息分配公式。若以 $q(LE_j, S_i)$ 记最大李亚普诺夫指数 $LE_{j, max}$ 分配给控制点 S_i 的信息,则由 $LE_{j, max}$ 赋予动态稳定性分类的信息的总量 Q_j 可由下式表达:

$$Q_j = [q(LE_{j, max}, S_1), q(LE_{j, max}, S_2), \cdots, q(LE_{j, max}, S_5)] \tag{6-82}$$

且信息总量 Q_j 随时间的历程构成了信息分配矩阵,即

$$[Q_1, Q_2, \cdots, Q_m] \tag{6-83}$$

信息分配在理论上很难建立起完整的体系,实用中也碰到控制点之间的距离难予确定等问题。鉴于这些原因,许多学者提出了是否可将一个样本分为多类,从而将其纳入连续数学体系进行分析

的想法。熊祚森,黄宏伟等(1998)从理论上证明了该想法具有可行性,并建立了如下的信息扩散原理及扩散公式。

信息扩散原理 设 $A = \{a_1, a_2, \cdots, a_m\}$ 为知识样本,X 为一连续基础论域,$a_j(j = 1, 2, \cdots, m)$ 的观测值为 x_j。若 A 是非完备,则存在函数 $\mu(x_j, x)$,使点 x_j 获得的量值为1(即隶属度为最大)的信息可按 $\mu(x_j, x)$ 的量值扩散到点 x,且扩散所得的信息分布 $Q(x) = \sum_{i=1}^{n} \mu(x_j, x)$ 能更好地反映 A 的总体规律。

由上述信息扩散原理,可构造如下正态型信息扩散公式:

$$q(x_j, x) = 0.398\,9 \exp\left[-\frac{(x - x_i)^2}{2h^2}\right] \tag{6-84}$$

式中,$q(x_j, x)$ 为观测值 x_j 扩散到点 x 上的信息量,x 为信息吸收点,与信息分配中的信息控制点 S_i 相当;h 为窗宽,表示信息扩散的控制范围,其值与样本 A 的容量有关。

设样本 $A = \{a_1, a_2, \cdots, a_m\}$ 的最大、最小观测值分别为 $x_{\max}, x_{\min}$,可以证明窗宽 h 可按下式取值:

$$h = \begin{cases} \dfrac{1.698\,7(x_{\max} - x_{\min})}{m}, & 1 < m \leqslant 5; \\[2mm] \dfrac{1.445\,6(x_{\max} - x_{\min})}{m}, & 6 \leqslant m \leqslant 7; \\[2mm] \dfrac{1.423\,0(x_{\max} - x_{\min})}{m}, & 8 \leqslant m \leqslant 9; \\[2mm] \dfrac{1.420\,8(x_{\max} - x_{\min})}{m}, & 10 \leqslant m \end{cases} \tag{6-85}$$

上述关于信息分配及信息扩散的理论,可用于对最大李亚普诺夫指数进行信息处理,并由此对地下工程系统的动态稳定性建立分类方法。

3. 基于信息扩散理论的地下工程系统动态稳定性分类

李亚普诺夫指数谱可视为与系统动态演化模式相应的样本观测值,并可据此对地下工程系统的动态稳定性建立分类法。

以下介绍主要步骤:

(1) 确定窗宽。

根据样本观测值 $A : LE_{1,\max}, LE_{2,\max}, \cdots, LE_{m,\max}$ 的最大、最小观测值 LE_{MAX} 和 LE_{MIN},以及容量 m,得出信息扩散的范围,即窗宽 h,计算式如下:

$$LE_{\mathrm{MAX}} = \max\{LE_{1,\max}, LE_{2,\max}, \cdots, LE_{m,\max}\} \tag{6-86}$$

$$LE_{\mathrm{MIN}} = \min\{LE_{1,\max}, LE_{2,\max}, \cdots, LE_{m,\max}\} \tag{6-87}$$

$$h = \begin{cases} \dfrac{1.698\,7(LE_{\mathrm{MAX}} - LE_{\mathrm{MIN}})}{m}, & 1 < m \leqslant 5; \\[3mm] \dfrac{1.445\,6(LE_{\mathrm{MAX}} - LE_{\mathrm{MIN}})}{m}, & 6 \leqslant m \leqslant 7; \\[3mm] \dfrac{1.423\,0(LE_{\mathrm{MAX}} - LE_{\mathrm{MIN}})}{m}, & 8 \leqslant m \leqslant 9; \\[3mm] \dfrac{1.420\,8(LE_{\mathrm{MAX}} - LE_{\mathrm{MIN}})}{m}, & 10 \leqslant m \end{cases} \tag{6-88}$$

(2) 计算扩散信息。

按下式分别计算由最大李亚普诺夫指数 $LE_{j,\max}$ 扩散给各动态稳定性信息控制点 S_i 的信息 $q'(LE_{j,\max}, S_i)$：

$$q'(LE_{j,\max}, S_i) = 0.398\,9\exp\left[-\frac{(LE_{j,\max} - S_i)^2}{2h^2}\right] \tag{6-89}$$

(3) 对信息 $q'(LE_{j,\max}, S_i)$ 进行归一化处理。

以上各点信息属离散论域,样点地位均不相同,需进行归一化处理。依照信息总量和为 1 的原则,可得归一化分布的算式为

$$q(LE_{j,\max}, S_i) = \frac{q'(LE_{j,\max}, S_i)}{\displaystyle\sum_{i=1}^{5} q'(LE_{j,\max}, S_i)} \tag{6-90}$$

由此可将基于信息扩散理论的地下工程系统动态稳定性分类表述为如下的信息分布矩阵。

$$\begin{bmatrix} q(LE_{1,\max}, S_1), q(LE_{1,\max}, S_2), \cdots, q(LE_{1,\max}, S_5) \\ q(LE_{2,\max}, S_1), q(LE_{2,\max}, S_2), \cdots, q(LE_{2,\max}, S_5) \\ q(LE_{m,\max}, S_1), q(LE_{m,\max}, S_2), \cdots, q(LE_{m,\max}, S_5) \end{bmatrix} \tag{6-91}$$

式(6-91)的矩阵有 m 行(m 为时序资料长度),各行均为某时刻地下工程系统动态稳定性分类的信息。每一行有 5 列,分别表示该时刻地下工程系统动态稳定性归于 I ~ V 类的隶属度。按照隶属度最大原则,可由其中数值最大的一列确定该时刻地下工程系统动态稳定性的类别。由于这种分类既可以考虑专家的现场经验,又可以考虑专家经验的模糊性,因而具有较好的实用性。

6.4　非线性动态反馈的工程实例分析

6.4.1　工程实例 1

同本章 6.1.2 小节中工程案例 3:上海富容大厦基坑围护工程。

1. 动态模式反演及预报

　　为了分析开挖过程中的系统动态行为的演变情况,并及时监控和预报江宁路下的各种管线变位情况,下面以围护墙体西侧中间的墙顶水平位移 s 及其墙后地面沉降 d 为状态变量,依据前 15 天的实测资料,建立起系统演化发展的动态模式,并对后 6 天状态变量的演化发展进行预报。

　　图 6 - 10 是点 Q13 处墙顶水平位移 s 随时间 t 变化发展的情况,图 6 - 11 是该点处墙后地面沉降 d 随时间 t 变化发展情况。先将墙顶位移 15 天的观测数据 $d(t_1)$, ⋯, $d(t_{15})$,墙后地面沉降的 15 个观测数据 $s(t_1)$, ⋯, $s(t_{15})$ 作无量纲化处理,作出两个相应的系统状态变量 Y_1 与 Y_2 ,它们各自的观测值为

$$\left.\begin{array}{l} Y_1 : y_1(t_1) , \cdots , y_1(t_{15}) \\ Y_2 : y_2(t_1) , \cdots , y_2(t_{15}) \end{array}\right\} \tag{6-92}$$

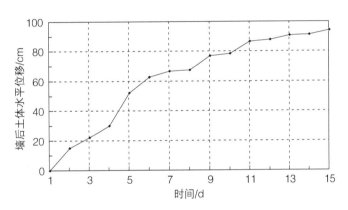

图 6 - 10　墙后土体水平位移时间历程

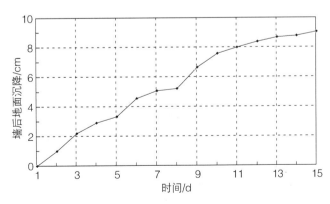

图 6 - 11　墙后地面沉降时间历程

采用广义迭代反演方法编制程序,设置反演精度为 10^{-4},迭代次数为 30 次,反演的动态模式为

$$\frac{\mathrm{d}y_1}{\mathrm{d}t} = 9.93y_1 + 9.94y_2 + 7.91y_1^2 + 18.41y_2^2 - 39.28y_1y_2 - 50.4y_1^3 +$$

$$33.48y_2^3 + 142.17y_1y_2^2 - 120.64y_1^2y_2 - 2.365 \qquad (6-93)$$

$$\frac{\mathrm{d}y_2}{\mathrm{d}t} = -0.065y_1 + 3.3y_2 + 18.08y_1^2 + 4.6y_2^2 - 25.6y_1y_2 - 54.64p_{1,6}y_1^3 +$$

$$30.0y_2^3 + 129.9y_1y_2^2 - 104.33y_1^2y_2 - 0.484 \qquad (6-94)$$

现对上式进行检验,检验水平设为 0.15。

1) 动态模式检验

在第一次检验中,有非线性项的检验值即 t_{ij} 的绝对值小于检验水平,故对基坑系统动态模式无显著影响,应该加以剔除。剔除后再进行反演更新,最后得到可以继续接受下列检验的反演结果。

$$\frac{\mathrm{d}y_1}{\mathrm{d}t} = 12.37y_1 + 16.14y_2^2 - 30.93y_1y_2 - 40.6y_1^3 + 30.18y_2^3 +$$

$$123.12y_1y_2^2 - 107.41y_1^2y_2 - 2.66 \qquad (6-95)$$

$$\frac{\mathrm{d}y_2}{\mathrm{d}t} = 0.198\,4y_1 - 0.218y_2 + 0.008\,9 \qquad (6-96)$$

对动态模式显著性进行检验、非线性项之间多重共线性检验及随机误差项检验后进行基坑系统动态行为预报。

2) 动态行为预报

依据前 15 天的实测数据进行该系统状态变量在后 6 天的演化发展进行预报。计算的结果是量纲化了状态变量,还需换算成状态变量的真值。为了考证本文提出的信息权重修正预报法,下面将之与基本预报方法进行对比(图 6-12、图 6-13)。从图中可以看出,当基于前期(前 5 天)实测数

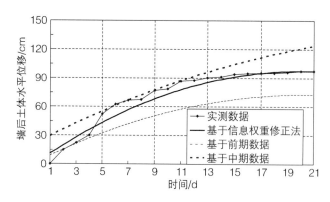

图 6-12　信息权重修正预报法与基本方法的墙后
水平位移反演 y 与预报结果比较

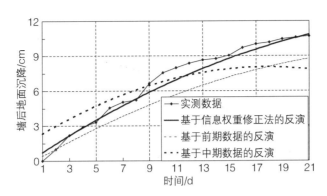

图 6-13　信息权重修正法与基本方法的墙后
地面沉降反演结果比较

据反演时,前期的反演结果与实测数据比较吻合,而对后期的预报效果要差一些;与此相反,当基于中期(第8天到第12天)实测数据反演时,中期的反演结果与实测数据比较吻合,而前期的反演效果要差一些,对后期的预报效果也要差一些;当基于信息权重修正法反演(权重为2)时,整个反演与预报结果与实测数据都较吻合,比基于前中期实测数据的反演与预报结果都要理想。由此可见,信息权重修正法综合了各个时期的实测数据并赋予它们不同的权重,其反演结果更为可靠。

在信息权重修正法中,一个较为关键的问题是某时刻状态变量的预报权重与上一时刻的比值取值问题,我们依据系统层次分析法中的"1—9两两判断标度法"建议比值取1~3的数值,图6-14、图6-15分别是当这一比值λ取1,2,3时的围护墙体墙顶水平位移、墙后地面沉降的反演结果对比情况。从这两个图中可见,当λ取1时,即认为各个时期实测数据预报权重都一样,这种情况下,前期的反演效果较为理想,而后期的反演与预报效果要差一些;当λ取3时,即认为后期实测数据的预报权重要比前期的明显重要,这种情况下,后期的反演与预报效果较为理想,而前期的反演

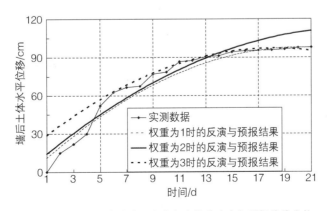

图 6-14　不同权重的墙后土体水平位移反演与预报结果比较

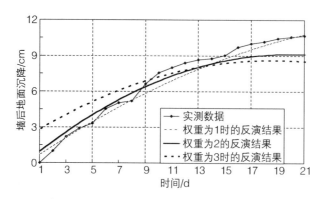

图 6-15　不同权重的墙后地面沉降反演结果比较

效果要差一些;当 λ 取 2 时,即认为后期实测数据的预报权重比前期的稍微重要,这种情况下,整个反演与预报效果都较为理想。由此可见,各个时期实测数据对基坑系统动态模式的预报权重是不一样的,愈是后期愈是重要,但其权重与前期的比值不能太小,否则过分强调了前期实测数据的预报作用;同样,这一比值又不能太大,否则过分强调了后期实测数据的预报作用。基于系统层次分析中的"1—9 两两判断标度法"以及本节的工程实例分析,建议将这一比值取为 2。

最终反演及预报的基坑系统演化的趋势项及其控制区间(区间的大小表明了随机误差项的波动范围)如图 6-16 和图 6-17 所示。从这两个图可见,反演趋势项与实测数据较为吻合:墙体水平位移反演和预报的平均误差是 9.5%,墙后地面沉降反演与预报的平均误差是 11.3%。初期西侧墙体位移与墙后地面沉降的发展速率较大(第 5 天前后),当时采取了应急措施:在基坑西南角和西北角加焊角钢支撑,使后期基坑整体变形得到了较好的控制,地面沉降的速率也开始下降;虽然工程北侧最大地面沉降达 10 cm,但并没有导致下面管线发生不良事故。预报的结果较为理想,故动态模式基本上反映了基坑围护结构系统演化发展情况;而反演上下限之间的区域基本上覆盖了实测变形的波动范围,其可靠度是 0.85,反演和预报的结果较为理想。

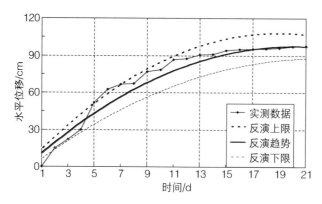

图 6-16　墙体水平位移反演结果

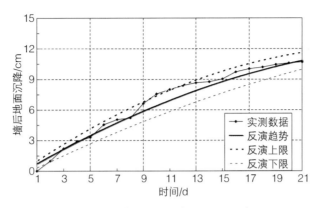

图 6 - 17　墙后地面沉降反演结果示意

2. 基坑稳定性分析

1）基坑系统演化发展的李亚普诺夫指数谱

对于基坑系统动态模式(式(6 - 93)、式(6 - 94))，其切空间的演化方程为

$$\frac{\mathrm{d}W_j}{\mathrm{d}t} = J_j W_j, \ j = 1 \sim 13 \tag{6 - 97}$$

其中

$$W_j = (\delta y_1, \ \delta y_2)^{\mathrm{T}} \mid_{t=t_i} \tag{6 - 98}$$

$$J = \begin{vmatrix} \dfrac{\partial \dot{y}_1}{\partial y_1} & \dfrac{\partial \dot{y}_1}{\partial y_2} \\[3mm] \dfrac{\partial \dot{y}_2}{\partial y_1} & \dfrac{\partial \dot{y}_2}{\partial y_2} \end{vmatrix} \tag{6 - 99}$$

式中，$\dot{y}_i = \dfrac{\mathrm{d}y_i}{\mathrm{d}t}$，$i = 1, \ 2$。

式(6 - 99)所表达的 Jacobi 矩阵的特征根为

$$\left. \begin{aligned} LE_1 &= \frac{\dfrac{\partial \dot{y}_1}{\partial y_1} + \dfrac{\partial \dot{y}_2}{\partial y_2} + \sqrt{\left(\dfrac{\partial \dot{y}_1}{\partial y_1} + \dfrac{\partial \dot{y}_2}{\partial y_2}\right)^2 - 4\left(\dfrac{\partial \dot{y}_1}{\partial y_1}\dfrac{\partial \dot{y}_2}{\partial y_2} - \dfrac{\partial \dot{y}_1}{\partial y_2}\dfrac{\partial \dot{y}_2}{\partial y_1}\right)}}{2} \\[4mm] LE_2 &= \frac{\dfrac{\partial \dot{y}_1}{\partial y_1} + \dfrac{\partial \dot{y}_2}{\partial y_2} - \sqrt{\left(\dfrac{\partial \dot{y}_1}{\partial y_1} + \dfrac{\partial \dot{y}_2}{\partial y_2}\right)^2 - 4\left(\dfrac{\partial \dot{y}_1}{\partial y_1}\dfrac{\partial \dot{y}_2}{\partial y_2} - \dfrac{\partial \dot{y}_1}{\partial y_2}\dfrac{\partial \dot{y}_2}{\partial y_1}\right)}}{2} \end{aligned} \right\} \tag{6 - 100}$$

有了式(6 - 100)，便可以根据各个状态变量的时间历程(图 6 - 10 和图 6 - 11)求得状态变量的李亚普诺夫指数谱，其结果如图 6 - 18 和图 6 - 19 所示。而最大的李亚普诺夫指数谱如图 6 - 20 所示。从图 6 - 20 可看出，该基坑系统的最大的李亚普诺夫指数是随时间不断变化的一个量：开挖初

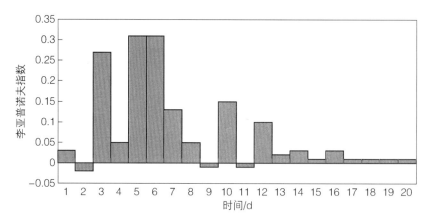

图 6-18　李亚普诺夫指数谱 LE_1

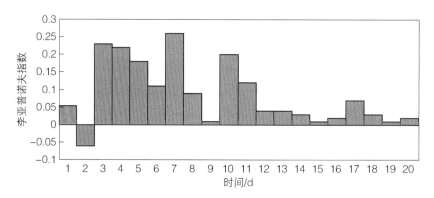

图 6-19　李亚普诺夫指数谱 LE_2

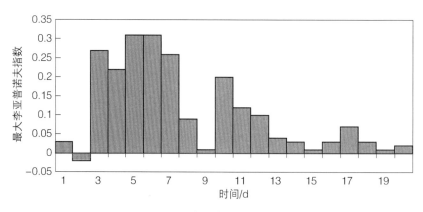

图 6-20　最大李亚普诺夫指数谱 LE_{max}

期比较小,而后开始增大。表示随着开挖的进行,基坑系统的动态稳定度愈来愈小,动态稳定性在下降;在第五六天前后,最大李亚普诺夫指数达最大,表示此时基坑系统动态稳定度最小,动态稳定性最差;而这以后最大李亚普诺夫指数开始下降,基坑系统动态稳定度开始增大,其动态稳定性在加强。该基坑工程的动态稳定性变化是与其实际开挖工况一致的:施工初期开挖速率较快,在第五六天前后,围护墙体所在处的墙顶的水平位移已达 6 cm(图 6 - 10),墙后地面沉降已达 4.5 cm(图 6 - 11)。此时不仅这些变形量过大,而且开始影响到周围环境。在这种情况下,对基坑围护墙体采取了补救措施,使得基坑系统动态稳定性得到了加强,它不再减小是可以理解的;在这以后,开挖的速率也放慢了;在第 18 天时,开挖到了底标高,基坑变形速率开始减小,其系统动态稳定度变得大起来,其动态稳定性好。基坑开挖工作得以顺利地完成。

2)基坑系统动态稳定性分析

得到了如图 6 - 20 所示最大的李亚普诺夫指数谱,就可以根据稳定性分类及信息扩散理论对基坑系统进行分类。分类的具体结果列于表 6 - 3 中。

表 6 - 3 基于信息扩散原理的基坑系统动态稳定性分类情况

时间 /d	动态稳定性分类	Ⅰ类稳定性隶属度	Ⅱ类稳定性隶属度	Ⅲ类稳定性隶属度	Ⅳ类稳定性隶属度	Ⅴ类稳定性隶属度
1	Ⅱ	.00290	**.99706**	.00004	.00000	.00000
2	Ⅰ	**.95017**	.04983	.00000	.00000	.00000
3	Ⅴ	.00000	.00000	.00000	.16016	**.83984**
4	Ⅱ	.00006	**.99853**	.00141	.00000	.00000
5	Ⅴ	.00000	.00000	.00000	.00547	**.99453**
6	Ⅴ	.00000	.00000	.00000	.00547	**.99453**
7	Ⅲ	.00000	.00206	**.99718**	.00076	.00000
8	Ⅱ	.00005	**.99823**	.00172	.00000	.00000
9	Ⅰ	**.66820**	.33180	.00000	.00000	.00000
10	Ⅲ	.00000	.00009	**.98732**	.01259	.00000
11	Ⅰ	**.62365**	.37635	.00000	.00000	.00000
12	Ⅲ	.00000	.30159	**.69840**	.00000	.00000
13	Ⅱ	.23399	**.76601**	.00000	.00000	.00000
14	Ⅱ	.00229	**.99765**	.00005	.00000	.00000
15	Ⅱ	.49883	**.50117**	.00000	.00000	.00000
16	Ⅱ	.00417	**.99579**	.00003	.00000	.00000
17	Ⅱ	.19577	**.80423**	.00000	.00000	.00000
18	Ⅱ	.38495	**.61505**	.00000	.00000	.00000
19	Ⅰ	**.59643**	.40357	.00000	.00000	.00000
20	Ⅱ	.45420	**.54580**	.00000	.00000	.00000

为了详细而又客观地了解分类情况,将分类的信息分布矩阵也列入了表 6-3 中。在表中,将动态稳定性隶属度最大的值用黑体强调。从该表中也可以得到与图 6-20 所示相似的结论:开挖初期,随着开挖的进行,基坑系统的动态稳定度愈来愈小,动态稳定性在下降;在第五六天前后,基坑系统动态稳定度最小,其分类是 V 类即危险类,且分类的隶属度都是0.994 53;而这以后基坑系统动态稳定性开始增大。这也是与实际工况相吻合的。特别地,从表中还可以详细地了解动态稳定性分类的信息分布情况。如从第 13~18 天,虽然基坑系统动态稳定性都归属 II 类,但隶属度都不一样。如第 15 天、第 16 天的 II 类稳定性分类隶属度分别为0.501 17, 0.995 79,而它们的 I 类稳定性分类分别是 0.498 83、0.004 17,说明了第 16 天的动态稳定性归于 II 类稳定性的把握要比第 15 天的大。由此也说明了基坑系统动态稳定性是一个随时间发展的非确定量。通过这种信息上的分类处理,使我们可以了解这种分类的详细情况。

在传统的基坑稳定性分析中,大都是考虑开挖到底标高时的情况,并基于平面问题假设或单个条件的假设,且很少来考虑具体的开挖工况与开挖速率去分析基坑稳定性。上述实例的分析动态地、系统地描述了基坑的稳定性。这种考察基坑系统动态行为的方法是建立在状态变量的实测资料基础上的,并考虑了专家的主观性与模糊性,故有着较强的现场工程指导意义。

6.4.2 工程实例 2

上海金叶大厦位于黄浦区,占地面积 4 640 m²,为一栋主楼 28 层、裙房 8 层、地下 2 层的钢筋混凝土框架-筒体结构。基坑开挖深度 10.65 m,该工程围护结构为地下连续墙加两道现浇钢筋混凝土支撑的围护体系。基坑周围环境复杂,要求在开挖施工中格外注重基坑的稳定性。因此施工中对围护结构的行为预报显得更为重要。

根据工程地质报告,现场的地层分布由地表向下分别为厚 1.8 m 的表层填土、厚 1.0 m 的灰褐色粉质黏土、厚 4.0 m 的灰色淤泥质粉质黏土、厚 9.9 m 的灰色淤泥质黏土、厚 8.85 m 的灰色黏土等。场地常年地下水位在地表以下 0.6 m 左右,随季节降雨量略有变化。

1. 动态模式的反演与预报

为了分析开挖施工过程中围护结构动态行为的演变情况,下面选择两种最为关键的工况,分别是如下。

工况一:第一道支撑开始发挥作用到开挖至第二道支撑设置标高。

工况二:第二道支撑开始发挥作用到开挖至最终底标高。

两种工况的基本情况如表 6-4 所示。

表 6-4 基坑围护反演基本情况

施工工况	工况持续时间	变量选取	反演所依据实测资料时序长度
工况一	26 d(第 13 天到第 38 天)	s，P_1	15 d(第 13 天到第 27 天)
工况二	40 d(第 39 天到第 79 天)	s，P_1，P_2	25 d(第 39 天到第 63 天)

注：s 为深度 12 m 处的墙体水平位移；P_1 为第一道支撑体系中的轴力；P_2 为第二道支撑体系中的轴力。

依据实测资料，建立变量演化发展的动态模式。

2. 不同工况下的基坑动态模式反演

1）工况一

选用监测点深度 12 m 处的水平位移 s、第一道支撑体系中 P_1 为基坑动态模式反演的状态变量。先将 s，P_1 分别无量纲化，得到可以直接用来进行反演分析的状态变量，作出两个相应的行为状态变量 y_1，y_2。

根据两个状态变量所遵循的动态模式假设，按照广义迭代反演方法可以得到初步动态模式如下。

$$\frac{\mathrm{d}y_1}{\mathrm{d}t} = 4.87y_1 - 0.454y_2 - 7.30y_1^2 + 3.28y_2^2 - 2.36y_1y_2 + 7.73y_1^3 - \tag{6-101}$$
$$4.71y_2^3 - 11.8y_1y_2^2 + 11.34y_1^2y_2 - 0.509$$

$$\frac{\mathrm{d}y_2}{\mathrm{d}t} = 1.98y_1 - 2.66y_2 + 2.82y_1^2 + 6.85y_2^2 - 9.16y_1y_2 - 9.51y_1^3 + \tag{6-102}$$
$$5.04y_2^3 + 26.14y_1y_2^2 + 21.74y_1^2y_2 - 0.256$$

经参数显著性检验、模式显著性检验、非线性项之间多重共线性检验以及模式随机项检验后，得到的模式为

$$\frac{\mathrm{d}y_1}{\mathrm{d}t} = 5.33y_1 - 1.484y_2 - 6.69y_1^2 + 4.89y_2^2 - 3.98y_1y_2 + 3.68y_1^3 - 1.31y_2^3 - 0.372$$

$$\tag{6-103}$$

$$\frac{\mathrm{d}y_2}{\mathrm{d}t} = 0.00524y_2^3 + 0.00213 \tag{6-104}$$

2）工况二

选取深度 12 m 处的土体水平位移 s、第一道支撑体系中的支撑杆件轴力 P_1、第二道支撑体系中的支撑杆件轴力 P_2，并分别对它们进行无量纲化，得到可以直接用来进行反演分析的状态变量，作出三个相应的系统状态变量 y_1，y_2 与 y_3。反演结果如下：

$$\frac{\mathrm{d}y_1}{\mathrm{d}t} = 323.61y_1 + 258.02y_2 - 505.0y_1y_2 - 59.68y_1^2 - 2.22y_3^2 + 249.26y_1y_2^2 -$$
$$3.19y_1y_3^2 + 14.12y_1^2y_3 + 8.29y_2y_3^2 + 14.16y_1^3 - 81.12y_2^3 - 0.988y_3^3 -$$
$$16.84y_1y_2y_3 - 198.4 \tag{6-105}$$

$$\frac{\mathrm{d}y_2}{\mathrm{d}t} = 741.52y_1 + 1\,114.28y_2 - 253.08y_3 - 1\,190.47y_1y_2 + 320.65y_1y_3 +$$
$$232.50y_2y_3 - 330.77y_1^2 - 652.48y_2^2 - 19.33y_3^2 + 420.66y_1y_2^2 +$$
$$25.09y_1y_3^2 + 301.94y_2y_1^2 - 79.76y_1^2y_3 - 8.43y_2y_3^2 + 39.36y_1^3 +$$
$$77.54y_2^3 + 0.976y_3^3 - 218.07y_1y_2y_3 - 522 \tag{6-106}$$

$$\frac{\mathrm{d}y_3}{\mathrm{d}t} = -3\,463.7y_1 - 804.94y_2 + 389.72y_3 + 3\,276.19y_1y_2 - 1\,036.12y_1y_3 +$$
$$304.57y_2y_3 + 2\,425.53y_1^2 - 929.70y_2^2 - 41.88y_3^2 - 183.97y_1y_2^2 -$$
$$42.66y_1y_3^2 - 1\,672.69 + 413.97y_1^2y_3 + 108.13y_2y_3^2 - 412.98y_2^2y_3 +$$
$$320.06y_1y_2y_3 + 1\,255.42 - 402.27y_1^3 + 506.05y_2^3 - 8.65y_3^3 \tag{6-107}$$

经与上述同样反演分析和检验得到模式为

$$\frac{\mathrm{d}y_1}{\mathrm{d}t} = 0.002y_2 - 0.013y_1y_3 + 0.007y_1^3 + 0.000\,9 \tag{6-108}$$

$$\frac{\mathrm{d}y_2}{\mathrm{d}t} = 0.029y_1^2 - 0.062y_2^2 + 0.077y_1y_2^2 - 0.021\,7 \tag{6-109}$$

$$\frac{\mathrm{d}y_3}{\mathrm{d}t} = 91.99y_1 + 9.32y_3 - 8.86y_1y_3 - 84.76y_1^2 - 6.51y_3^2 +$$
$$6.17y_1y_3^2 + 26.14y_1^3 - 33.39 \tag{6-110}$$

3. 动态行为的预报

1）工况一

由表6-4看到,动态模式是建立在第13天到第27天的实测数据基础上的,现据此预报状态变量在后11天的演化发展。最终反演出来的动态演化的趋势项及其可预报区间(区间的大小表明了随机项的波动范围)如图6-21和图6-22所示。从图中可见,趋势项的反演与预报同实测数据较为吻合,土体水平位移的反演与预报误差是8.2%;第一道支撑杆件轴力的反演与预报误差是10.7%。动态模式式(6-103)和式(6-104)基本上反映了基坑围护结构行为的演化发展情况;而反演的可预报区间又体现了这种演化发展的波动范围,这种控制区域的可靠度是0.80,反演和预报的结果较为理想。

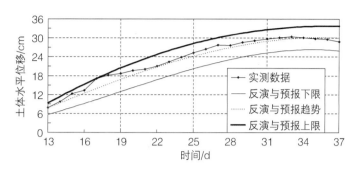

图 6-21　土体水平位移反演与预报结果

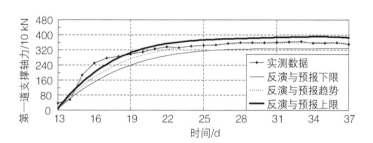

图 6-22　第一道支撑轴力反演与预报结果

2）工况二

　　动态模式是建立在第39天到第63天的实测数据基础上的,现据此预报状态变量在后15天的演化发展。最终反演出来的动态演化的趋势项及其可预报区间(区间的大小表明了随机项的波动范围)如图6-23—图6-25所示。

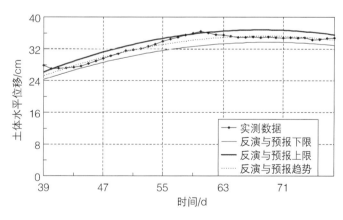

图 6-23　土体水平位移反演与预报结果

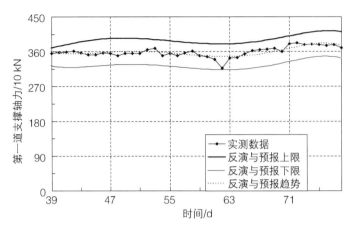

图 6-24　第一道支撑轴力反演与预报结果

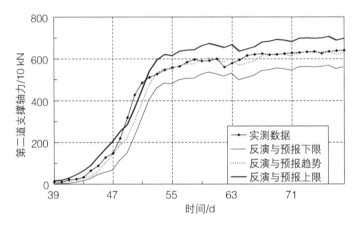

图 6-25　第二道支撑轴力反演与预报结果

　　从图中可见,反演趋势项与实测数据较为吻合,后 15 天的预报效果较好。土体水平位移的趋势项反演误差是 6.8%,第一道支撑杆件轴力的趋势项反演误差是 5.9%,第二道支撑杆件轴力的反演误差是 13.2%。动态模式式(6-108)—式(6-110)基本上反映了基坑围护结构行为演化发展情况;而反演的可预报区间又体现了这种演化发展的波动范围,这种波动范围的可靠度是 0.75,反演和预报的结果较为理想。

4. 动态模式更新前后的对比分析

　　依据状态变量的实测资料,就不同的开挖工况分别建立了基坑围护结构行为动态模式,并预报了状态变量的演化发展。那么,是否可以用工况一下的动态模式继续预报工况二下的动态模式呢?或者是否能用一个固定动态模式来表达整个基坑工程系统在整个开挖过程中的动态模式呢? 为此,我们就利用基坑行为动态模式,即式(6-103)和式(6-104)分别预报工况二下的土体水平位移与第一道支撑杆件轴力的演化发展。我们称之为动态模式更新前反演结果。另外,工况二下的动态模式式(6-108)和式(6-109)的反演结果被叫作动态模式更新后的反演结果。将动态模式更新前后的反演结果列入同一图中(图6-26、图6-27),并与实测数据一起进行比较。比较发现,更新前的动态模式对在工况二下的预报效果不理想。土体水平位移整体预报值(图6-26)偏小,预报误差23.2%,这是难以满足工程要求的;而第一道支撑轴力预报到第52天时,预报值出现了畸形,后面的预报计算值位数连计算机也难以承受,所能预报的预报误差是30.7%,这更加难以满足工程要求。

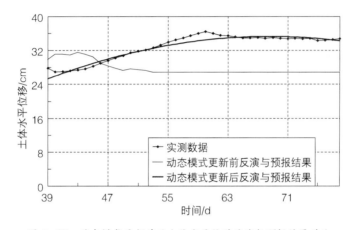

图6-26 动态模式更新前后土体水平位移反演与预报结果对比

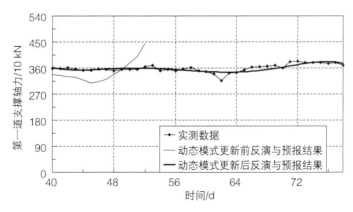

图6-27 动态模式更新前后第一道支撑轴力反演与预报结果对比

通过对上述动态模式更新前后的反演结果的对比分析,可以看到:基坑开挖施工是非常复杂的,其围护结构行为的演化发展并不是遵循一个固定的动态模式。为了及时掌握并预报基坑围护结构的动态行为,必须在不断地获得实测资料的基础上,更新反演其动态模式。由此也说明了基坑工程不是一个固定体,其短期行为可以在一定的检验水平下预报,但长期行为很难准确地预报。

通过现场实测数据,利用系统非线性理论,可以有效地实施地下工程动态预报及稳定性判断。因此,得到以下结论:

(1) 根据岩土工程开挖施工过程中的现场实测资料,可以反演不同工况下所选状态变量的动态模式,由此预报其演化发展,表明预报结果与实测值较为吻合。

(2) 在不同的开挖施工工况下,岩土工程系统的演化发展并不是遵循一个固定的动态模式。为了及时分析并预报工程系统的动态行为,就必须在不断地获得实测资料的基础上,更新反演其动态模式,以提高预报的精度。同时,也说明了岩土工程系统是一个混沌体,其短期行为可以在一定的检验水平下预报,但长期行为却很难准确地预报。

(3) 在反演的动态模式基础上,分析得到对应的各个状态变量的李亚普诺夫指数谱,并以最大李亚普诺夫指数谱来分析开挖过程中该系统动态稳定性发展情况,从而使综合各状态变量定量分析预报稳定性成为可能。

第 7 章 智能反馈与控制

随着当代科学技术的飞速发展，信息化技术已经在各个领域广泛应用。信息化施工的特点主要是信息如何智能地被利用和处理。本章提出基于神经网络、支持向量机模型等的智能逆向反演分析方法，并介绍了智能反馈与控制方法在工程中的应用。

地下工程的反馈和控制特点主要是现场监测数据信息的利用和处理,而地下工程施工中的信息又非常复杂,智能信息处理技术对解决这个问题具有独特的优势,因此,近年来关于智能反馈与控制技术的研究已成为地下工程反馈与控制研究中一个颇具发展前景的研究方向。

7.1 智能逆向反演分析

同济大学孙钧院士曾预言,"科学发展到今天,走将工程技术与智能科学相交叉的路子来发展,就有可能产生一个飞跃,进而从根本上改变目前解决工程问题的现状,这方面的前景是喜人的。"可见,走智能科学与岩土与地下工程相结合的道路,必将极大地推进岩土与地下工程学科的发展。

7.1.1 智能逆向反演方法

从系统论的观点看,岩土与地下工程反演问题实质上是一个逆系统的辨识问题,这就是反演分析的系统描述法。其具体阐述为,在正分析中,已知系统的输入,求其输出;而在反分析中,已知系统的输出或部分输出,求其对应的输入。相对于正分析的运行系统,反分析所求解的是系统的逆模型。系统逆模型的辨识可形象地由图7-1表示。

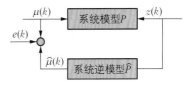

图 7-1 反演问题的系统描述

定义:

$$e(k) = \hat{\mu}(k) - \mu(k) = \hat{P}[z(k)] - \mu(k)$$

逆系统辨识就是求 $\hat{P}$,使误差 $e(k)$ 在某一误差准则下最小。

对于上式,如果可得到显式的解析表达式,则可采用矩阵求逆等方法解决此问题。这也就是传统岩土与地下工程逆反分析的求解思路。而实际上,对于岩土与地下工程来说,由于其监测位移同材料的物性参数等之间的关系非常复杂,不大可能写出其显式解析表达,再加上监测位移一般均存在量测误差噪声,这更使得二者间的关系复杂化。因此,对于岩土工程问题,采用矩阵求逆等方法是很难行得通的。但是,如果设想我们能找到黑箱式模型来表达 $z(k) \rightarrow \hat{\mu}(k)$ 的关系,那么这个问题也就解决了。

这样一个黑箱模型,可以由很多系统来实现,如神经网络系统、进化神经网络系统、支持向量机模型等,用这些系统来代替这个黑箱模型,则能得到一些智能逆向反演方法。以下对它们进行简单介绍。

1. 人工神经网络模型

从 1943 年美国学者 McCulloch 提出第一个真正意义上的人工神经网络模型算起,已经历了半个多世纪,神经网络模型研究已发展成为了一个庞大的家族。神经网络模型按网络性能可分为连续型、离散型、确定型、随机型等多种;按网络结构分为反馈网络、前向网络等;按学习方式可分为有教师学习、无教师学习等。总之,到目前为止,人们一共提出了不下 20 种神经网络模型,典型的有感知机模型(Perceptron)、径向基网络(RBF)、多层前馈网络(MFN)、ART 模型、Hopfield 网络及 Boltzman 机等。

从本质上说,人工神经网络系统表述了从一个输入空间到一个输出空间的映射关系,它可以仅由一些已知样本来反映整个系统的模型,是一个典型的仅反映输入到输出的黑箱模型。

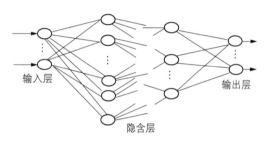

输入层　　隐含层　　输出层

图 7-2　多层前向网络示意图

目前在反演研究中常用的神经网络模型为多层前向网络模型,其构成包括一个输入层、一个或几个中间隐层及一个输出层,其基本形式如图 7-2 所示。

训练此网络一般采用 BP(Back Propagation)学习算法,此算法是一种典型的有教师监督的学习过程,它根据给定的输入、输出样本对来进行学习,并通过调整网络的连接权来体现学习效果。

2. 支持向量机模型

支持向量机(Support Vector Machines, 简称 SVM),是统计学习理论(Statistical Learning Theory)中最年轻的内容,也是最实用的部分,其核心内容是在 1992 年到 1995 年间提出的,目前仍处在不断发展的阶段。

与传统统计学相比,统计学习理论是一种专门研究小样本情况下机器学习规律的理论。V. Vapnik 等从 20 世纪六七十年代开始致力于此方面的研究,到 90 年代中期,随着其理论的不断发展和成熟,也由于神经网络等学习方法在理论上缺乏实质性进展,统计学习理论开始受到越来越广泛的重视。

支持向量机就是首先通过用内积函数定义的非线性变换将输入空间变换到一个高维空间,在这个空间中求(广义)最优分类面。支持向量机分类函数形式上类似于一个神经网络,输出是中间节点的线性组合,每个中间节点对应一个支持向量,如图 7-3 所示。

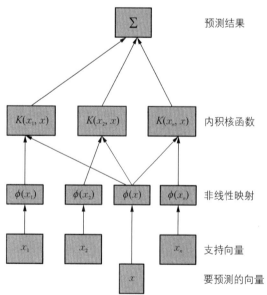

预测结果

内积核函数

非线性映射

支持向量

要预测的向量

图 7-3　支持向量机结构示意图

为了实现上述这种统计学习中的理论,许多学者提出了支持向量机的算法,其中比较著名的有Vapnik 等提出的 Chunking 算法,Osuna 等提出的分解算法,Platt 提出的序列最小优化 SMO(Sequential Minimal Optimization)算法,Keerthi 等提出的最近点快速迭代(NPA)算法等。

3. 进化人工神经网络模型及进化支持向量机模型

进化神经网络模型的一个主要特点是它对动态环境的自适应性。这种自适应性过程通过进化的三个等级实现,即连接权值、网络结构和学习规则的进化,它们以不同的时间尺度进化,在自适应中也起着不同的作用。最高等级的进化以最慢的时间尺度搜索进化神经网络空间,寻找最有希望使进化神经网络善于应付环境的区域。最低等级的进化以最快的时间尺度搜索最有希望使进化神经网络善于应付环境的区域,以建立一个次最优的进化神经网络模型。

由此,进化神经网络模型的一般结构表示为图 7-4 所示。

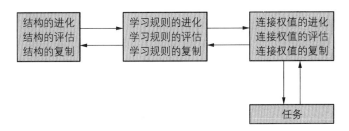

图 7-4   进化神经网络的一般结构

根据进化神经网络的三个等级,目前的进化神经网络模型的发展呈现以下四个不同的类型:

(1) 连接权值进化的进化神经网络;

(2) 网络结构进化的进化神经网络;

(3) 结构和权值同时进化的进化神经网络;

(4) 学习规则进化的进化神经网络。

7.1.2   智能逆向反演法的实施

根据系统逆辨识的原理以及神经网络等黑箱模型的特点,在智能逆向反演法的实施过程中,训练样本的选择是一个首要的任务。由于岩土与地下工程反分析实质上是一个逆系统的辨识问题,因此,关于神经网络样本的获取我们应该可以从系统辨识理论的描述中得到启发。

系统控制论中,系统逆辨识的过程可用图 7-5 来描述。

由图 7-5 可见,系统逆辨识问题同系统正问题的计算可以是一个闭环系统。因此,逆系统辨识所需的信息可以来自系统正问题的计算结果。可见,智能逆向反演模型的样本很明显可以来自其正分析的计算结果。

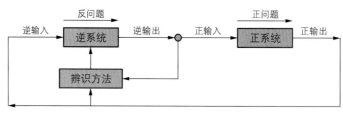

图 7-5　系统逆辨识的过程示意图

要想得到一个逼近及泛化能力均较强的黑箱模型,训练样本的典型代表性是一个关键的问题,这就涉及样本的质量及数量问题。由于岩土工程智能逆向反演模型的训练样本要依赖于相应的正问题的数值计算,而岩土工程正问题的数值计算是一个很耗时的过程,因而,对实际应用来说,样本的数量应越少越好。而同时样本的质量是训练成功的重要因素,因此,理想的情况就是样本的数量尽量少而其质量尽量高。把这种要求同岩土工程智能逆向反演模型样本获取的正分析计算结合起来,则问题转化为在待反演参数的取值空间中选取代表点的问题。很显然,此问题就是一个实验设计问题,即如何选取实验范围(因素空间)中的代表点。由此,问题的解决转换为实验设计问题,考虑到实验设计理论,很多学者不约而同地选择了正交试验设计法及均匀实验设计法等进行样本的设计。

智能逆向反演法的具体操作为,首先在预先确定的参数范围内采用正交试验设计法等进行训练样本的设计,对设计好的训练样本采用神经网络等进行训练,得到成功训练的神经网络等黑箱模型,最后把现场实测的位移信息等代入这个神经网络等黑箱模型,得到最终的反演结果。需要说明的是,建立训练样本时,应该建立位移等反映信息同参数等影响因素的关系样本,而且,网络结构等需事先确定或采用进化的办法进行选择。

7.1.3　工程实例分析

福宁高速公路的开挖修建造成了大量人工边坡,其中八尺门滑坡是一个较典型的滑坡,其地质条件比较复杂,整个边坡既有土体,又有风化和未风化的岩体。为了研究滑坡体的变形稳定性,进行了边坡参数的支持向量机逆向反演研究。

研究中取一个典型的断面来进行,研究断面的有限元网格剖分如图 7-6 所示。

为了简化问题的计算,并使计算误差在工程允许范围之内,需进行如下简化。

(1) 以高速公路施工开挖、大气降雨为滑坡的主要因素,其他因素(如施工等)随着以后研究工作的进行逐步考虑。

(2) 整个研究断面简化为由三种介质组成:亚黏土、强风化凝灰岩和弱风化凝灰岩,为了减少反演的非唯一性问题,这里仅反演每一介质的弹性模量 E、内聚力 c 和内摩擦角 φ,假定泊松比为已知。

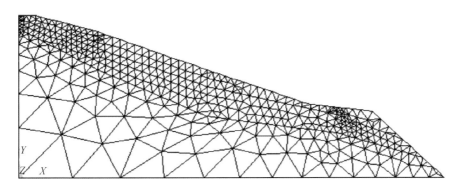

图 7-6　边坡计算断面的网格图

（3）以重力、地下水等的影响作为发生滑坡的外力。

（4）正向计算采用有限元进行，模型选用 Drucker-Prager 塑性模型，并且考虑大变形影响。

根据实验资料以及经验先确定出待反演参数的可能取值范围，如表 7-1 所示。

表 7-1　反演参数的取值范围

介质	弹性模量 E/MPa	内聚力 c/kPa	内摩擦角 φ/(°)
亚黏土	3～7	5～65	10～30
强风化凝灰岩	2～10	70～290	15～35
弱风化凝灰岩	50～250	200～1 000	25～45

反演的实测信息取该断面的两个测斜孔的观测值，两个测斜孔在关键点处的观测值如表 7-2 所示。

表 7-2　现场观测值

监测点深度/m	0	2	5	10	15	28
第一测孔位移/mm	55.87	50.88	36.98	2.60	2.50	3.26
第二测孔位移/mm	55.33	50.55	40.01	1.61	1.26	0.77

首先，采用止交设计和均匀设计的方法来构造学习样本和检验样本。根据前面的参数范围，将每一参数分为 5 个水平，如表 7-3 所示。

表 7-3　参数水平组合

水平	亚黏土			强风化凝灰岩			弱风化凝灰岩		
	弹性模量 E/MPa	内聚力 c/kPa	内摩擦角 φ/(°)	弹性模量 E/MPa	内聚力 c/kPa	内摩擦角 φ/(°)	弹性模量 E/MPa	内聚力 c/kPa	内摩擦角 φ/(°)
1	3	5	10	0.2	70	15	5	200	25
2	4	20	15	0.4	125	20	10	400	30

水平	亚黏土			强风化凝灰岩			弱风化凝灰岩		
	弹性模量 E/MPa	内聚力 c/kPa	内摩擦角 φ/(°)	弹性模量 E/MPa	内聚力 c/kPa	内摩擦角 φ/(°)	弹性模量 E/MPa	内聚力 c/kPa	内摩擦角 φ/(°)
3	5	35	20	0.6	180	25	15	600	35
4	6	50	25	0.8	235	30	20	800	40
5	7	65	30	1	290	35	25	1 000	45

　　根据正交设计原理,共构造出 50 组参数组合方案,见表 7-4。再根据均匀设计原理构造 11 组参数组合方案,如表 7-5 所示。

表 7-4　正交设计 50 组样本参数组合

方案	亚黏土			强风化凝灰岩			弱风化凝灰岩		
	E/MPa	c/kPa	φ/(°)	E/GPa	c/kPa	φ/(°)	E/GPa	c/kPa	φ/(°)
1	3	5	10	0.2	70	15	5	200	25
2	3	20	15	0.4	125	20	10	400	30
3	3	35	20	0.6	180	25	15	600	35
4	3	50	25	0.8	235	30	20	800	40
5	3	65	30	1	290	35	25	1 000	45
6	4	5	15	0.6	235	35	5	400	35
7	4	20	20	0.8	290	15	10	600	40
8	4	35	25	1	70	20	15	800	45
9	4	50	30	0.2	125	25	20	1 000	25
10	4	65	10	0.4	180	30	25	200	30
11	5	5	20	1	125	30	20	200	35
12	5	20	25	0.2	180	35	25	400	40
13	5	35	30	0.4	235	15	5	600	45
14	5	50	10	0.6	290	20	10	800	25
15	5	65	15	0.8	70	25	15	1 000	30
16	6	5	25	0.4	290	25	25	600	25
17	6	20	30	0.6	70	30	5	800	30
18	6	35	10	0.8	125	35	10	1 000	35

方案	亚黏土			强风化凝灰岩			弱风化凝灰岩		
	E/MPa	c/kPa	φ/(°)	E/GPa	c/kPa	φ/(°)	E/GPa	c/kPa	φ/(°)
19	6	50	15	1	180	15	15	200	40
20	6	65	20	0.2	235	20	20	400	45
21	7	5	30	0.8	180	20	20	600	30
22	7	20	10	1	235	25	25	800	35
23	7	35	15	0.2	290	30	5	1 000	40
24	7	50	20	0.4	70	35	10	200	45
25	7	65	25	0.6	125	15	15	400	25
26	3	5	10	0.8	290	30	15	400	45
27	3	20	15	1	70	35	20	600	25
28	3	35	20	0.2	125	15	25	800	30
29	3	50	25	0.4	180	20	5	1 000	35
30	3	65	30	0.6	235	25	10	200	40
31	4	5	15	0.2	180	25	10	800	45
32	4	20	20	0.4	235	30	15	1 000	25
33	4	35	25	0.6	290	35	20	200	30
34	4	50	30	0.8	70	15	25	400	35
35	4	65	10	1	125	20	5	600	40
36	5	5	20	0.6	70	20	25	1 000	40
37	5	20	25	0.8	125	25	5	200	45
38	5	35	30	1	180	30	10	400	25
39	5	50	10	0.2	235	35	15	600	30
40	5	65	15	0.4	290	15	20	800	35
41	6	5	25	1	235	15	10	1 000	30
42	6	20	30	0.2	290	20	15	200	35
43	6	35	10	0.4	70	25	20	400	40
44	6	50	15	0.6	125	30	25	600	45
45	6	65	20	0.8	180	35	5	800	25
46	7	5	30	0.4	125	35	15	800	40

续 表

方案	亚黏土			强风化凝灰岩			弱风化凝灰岩		
	E/MPa	c/kPa	φ/(°)	E/GPa	c/kPa	φ/(°)	E/GPa	c/kPa	φ/(°)
47	7	20	10	0.6	180	15	20	1 000	45
48	7	35	15	0.8	235	20	25	200	25
49	7	50	20	1	290	25	5	400	30
50	7	65	25	0.2	70	30	10	600	35

表 7 - 5　均匀设计 11 组样本参数组合

试验号	亚黏土			强风化凝灰岩			弱风化凝灰岩		
	E/MPa	c/kPa	φ/(°)	E/GPa	c/kPa	φ/(°)	E/GPa	c/kPa	φ/(°)
1	3	11	14	0.44	158	25	17	760	43
2	3.4	23	20	0.76	268	15	9	520	41
3	3.8	35	26	0.2	136	27	23	280	39
4	4.2	47	28	0.52	246	17	15	920	37
5	4.6	59	16	0.84	114	29	7	680	35
6	5	5	22	0.28	224	19	21	440	33
7	5.4	17	10	0.6	92	31	15	200	31
8	5.8	29	12	0.92	202	21	5	840	29
9	6.2	41	18	0.36	70	33	19	600	27
10	6.6	53	24	0.68	180	23	11	360	25
11	7	65	30	1	290	35	25	1 000	45

再根据上述参数组合方案,采用有限元计算可以得到这些参数组合方案对应的观测点位移,把它们列入表 7 - 6 中。

表 7 - 6　样本的位移组合

方案	关键点的位置					
	BCX7				BCX5	
	0 m	2 m	10 m	15 m	0 m	5 m
2	129.45	113.08	6.818 5	6.162 1	131.56	93.936
3	126.34	110.08	4.508 6	4.074 3	129.13	91.82

方案	关键点的位置					
	BCX7				BCX5	
	0 m	2 m	10 m	15 m	0 m	5 m
4	125.24	108.97	3.379 5	3.054	128.38	91.1
5	124.58	108.3	2.702 6	2.442 2	127.93	90.661
6	228.53	217.05	7.481 5	7.457 6	273.39	206.14
7	95.782	83.613	4.416 1	4.257 8	96.851	68.899
8	95.739	83.441	3.499	3.343 4	97.877	69.7
9	102.27	89.961	10.485	8.672 1	104.34	75.847
10	101.83	89.633	10.238	9.680 4	100.16	72.101
11	141.69	131.53	4.491 2	4.327 2	192.24	145.36
12	83.834	73.958	10.29	8.441 1	85.486	62.555
13	81.233	71.639	8.845 1	8.528 6	79.586	57.344
14	78.229	68.506	5.210 9	4.887 7	78.659	56.261
15	76.962	67.189	3.736 8	3.466 3	78.087	55.652
16	67.008	58.787	5.580 6	4.72	68.259	49.281
17	67.37	59.427	7.260 2	7.271 8	65.326	46.918
18	65.195	57.114	4.422 4	4.264	65.213	46.594
19	64.795	56.637	3.559 1	3.400 7	65.317	46.593
20	71.751	63.523	10.502	8.687 8	72.777	53.6
21	55.918	48.913	3.409 1	3.080 9	56.67	40.547
22	55.302	48.286	2.727 5	2.464 9	56.265	40.143
23	65.037	58.206	13.6	12.295	62.637	46.524
24	59.068	52.104	6.816 6	6.160 7	58.891	42.75
25	57.218	50.23	4.801 5	4.380 5	57.419	41.306
27	125.88	109.47	2.933 5	2.704 7	129.05	91.464
28	132.46	116.08	10.256	8.412 1	135.77	98.001
29	130.01	113.89	8.818 8	8.502 4	130.04	92.912
30	128.62	112.22	5.658	5.354 7	130.83	93.285
31	232.05	220.49	12.035	10.271	282.07	213.51
32	97.739	85.497	6.103 9	5.337 5	99.479	71.3

方案	关键点的位置					
	BCX7				BCX5	
	0 m	2 m	10 m	15 m	0 m	5 m
33	101.15	89.023	9.832 9	9.698 3	98.317	70.468
34	96.402	84.056	3.944 3	3.603 1	99.15	70.894
35	96.649	84.63	5.967 1	6.237 4	95.703	68.041
36	126.01	116.34	4.385 3	3.831	154.11	115.34
37	78.815	69.241	6.457	6.631 2	77.216	55.116
38	77.662	67.907	4.320 5	4.283 3	77.875	55.483
39	84.215	74.377	10.841	9.083 6	85.31	62.443
40	79.131	69.32	5.762 8	4.939 7	80.588	57.974
41	64.902	56.801	3.957 6	3.897 6	64.927	46.281
42	73.898	65.73	12.886	11.249	72.644	53.611
43	66.94	58.759	5.769 5	4.945 7	67.979	49.085
44	65.155	56.98	3.981 5	3.454 9	66.409	47.595
45	66.561	58.625	6.460 7	6.635	64.54	46.179
46	58.554	51.551	6.129 5	5.360 6	58.947	42.728
47	56.724	49.71	4.201 9	3.707 7	57.472	41.301
49	57.314	50.553	5.980 5	6.251 4	55.012	39.353
50	63.686	56.703	11.539	9.894 6	63.37	46.991
51	237.69	221.07	5.707 1	4.962 9	262.88	213.08
52	112.09	97.794	4.758 9	4.612 1	113.48	80.659
53	106.97	94.016	10.347	8.512 2	109.34	79.373
54	92.179	80.542	5.007 5	4.470 4	93.774	67.016
55	84.279	73.774	5.178	5.186 2	84.062	59.88
56	81.507	71.631	7.774 6	6.513 1	83.013	60.174
57	176.94	167.63	11.775	11.758	190.44	165.06
58	68.515	60.28	6.159 8	6.397 7	66.575	47.544
59	65.52	57.604	6.349 1	5.424 2	66.435	48.123
60	60.931	53.581	5.624	5.404 7	59.911	42.975
61	55.125	48.131	2.556 9	2.457	56.086	40.015

用 6 个输出位移值和 9 个参数组合值组成训练样本进行支持向量机的训练,可以得到描述这些关系的支持向量机模型。

把观测位移输入训练成功的支持向量机模型进行计算,可以得到同观测位移对应的反演参数向量,其最终得到的反演结果如表 7 - 7 所示。

表 7 - 7　反演参数的结果

亚黏土			强风化凝灰岩			弱风化凝灰岩		
E/MPa	c/kPa	φ/(°)	E/GPa	c/kPa	φ/(°)	E/GPa	c/kPa	φ/(°)
6.585 6	13.742 5	15.001 8	0.899 6	189.894	16.613	9.002 5	810.71	36.296 3

为了验证反演参数的正确性,采用反演得到的参数进行有限元计算,可以得到观测点的计算位移,为了比较,把计算位移同实测位移均列于表 7 - 8 中。

表 7 - 8　反演参数计算位移同实测位移的比较表

测孔	深度/m	0	2	5	10	15	28
BCX7 测孔	监测值/mm	55.87	50.88	36.98	2.6	2.5	3.26
	计算值/mm	59.78	52.43	45.11	4.4	4.33	3.48
BCX5 测孔	监测值/mm	55.33	50.55	40.01	1.61	1.26	0.77
	计算值/mm	59.39	55.10	42.43	1.69	1.55	0.57

由表 7 - 8 可以发现,采用支持向量机方法反演得到的参数进行正计算可以得到同实测结果接近的位移计算值,说明这种反演方法是完全可行的,而且效果也较好。

7.2　智能优化反演分析

7.2.1　智能优化反演方法及实施

一般情况下,岩土与地下工程问题都具有规模大、所涉及地层介质材料性质复杂、施工影响较大及监测与施工等难以同步等特点,对此类问题的求解通常只能借助于有限元等数值方法。对这类问题进行基于监测位移的物性参数反演时,必然面临一个高度复杂的非线性系统的反演问题。而且,监测位移中不可避免地存在观测噪声。这类问题的提法可描述如下:

求解
$$\min f(x) = \| u(x) - \bar{u} \|$$

约束条件
$$ku(x) = F$$

式中　x——地层材料的物性参数向量；

　　　$u(x)$——计算位移值；

　　　$\bar{u}$——实际监测位移值；

　　　k，F——分别为有限元刚度矩阵及等效节点力；

　　　$\|\cdot\|$——定义在数值空间的某种范数。

在实际应用中，可根据问题的物理意义及勘探资料等先验信息给出待反演参数的可能取值范围，即可添加一个约束条件：$a \leqslant x \leqslant b$。

可见，上述问题可以转化为一个典型的优化问题。

对上述优化目标函数，由于其无解析形式，因此很难对其性质进行判断，如是否是凸函数、连续、可微等。

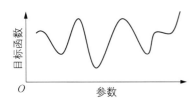

研究表明，在弹塑性性条件下，上述优化问题是一个非常复杂的多峰函数优化问题，其函数分布如图7-7所示。

而且，由于现场实测位移常含有一定程度的误差噪声，因而，即使对弹性问题反演，其优化目标函数也不会是一个简单的形式，研究认为，弹性反演中采用优化法也是很必需的。此时，也只能得到满意解。

图7-7　反演目标函数的分布图

针对求解这种复杂的反演优化问题，日本学者经过研究，给出了反演优化目标函数与优化方法的关系图，如图7-8所示。

由图7-8可见，解决岩土工程反分析这类复杂函数的优化问题采用进化算法等全局优化算法是一种较理想的途径。基于此，很多效果优良的智能优化算法被竞相引入反演领域，形成了很多独具特色的智能优化反演方法，有代表性的包括模拟退火法、进化算法、集群智能算法、混沌优化算法，以及免疫优化、DNA分子等新型优化算法。这些算法均可以在现有公开文献中找到，在此不再详述。

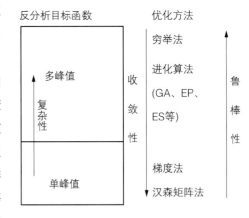

图7-8　反演问题目标函数与优化方法的关系图

不管采用何种优化方法，仔细研究它们形成的反演方法的计算过程，可以发现，根据优化反分析的基本原理，只要找到合适的求解正问题的数值方法，把正问题得到的计算解同观测值的误差作为进化的驱动力，则可以实现岩土与地下工程的智能优化反演。此过程如图7-9所示。

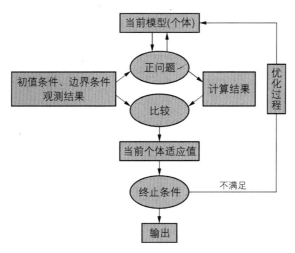

图 7 - 9 智能优化反演算法的基本流程

7.2.2 工程实例分析

天生桥一级电站工程坝址位于南盘江干流下游,早期工程地质勘察评价认为,左岸洞群和右岸放空洞通过的岩层类型为 Ⅱ～Ⅳ 类,甚至 Ⅴ 类,岩体质量一般偏坏,又因隧洞断面较大,施工期间的围岩稳定极其重要。为了准确设计隧洞衬砌和施工方案,预测可能发生的问题,在现场开展了原位模型洞的变形量测试验,进行了围岩收敛变形量测、钻孔多点位移量测、岩体声波测试及挠度仪量测等现场测试。

进行现场测试的试验洞布置在右岸 35 洞,洞轴方向为 N 46°E,与放空洞主段平行,沿线岩层为三叠纪新苑组 T_{2x}^6,岩性为泥质灰岩与泥岩互层,层面比较发育,岩体较破碎。岩层走向为 N 40°～45°E,倾向 NW(沿河谷倾斜),倾角 30°～50°。在初步设计阶段曾进行过一系列现场岩石力学试验及现场应力量测,其结果如表 7 - 9 所示。

表 7 - 9 岩体力学性质参数表

参数	内摩擦角 $\varphi/(°)$	黏结力 c/MPa	弹性模量 E/GPa	泊松比 μ	重度 $\gamma/$ $(kN \cdot m^{-3})$	地应力实测值/MPa		
						σ_x	σ_y	τ_{xy}
平行层面	35	0.15	2.22～3.43	0.23～0.26	26.5～27.2	−2.12	−0.91	0.53
垂直层面	25	0.06	0.64～0.98	—	—	—	—	—

试验洞总长 59.6 m,断面形式为高跨相等的方圆形。为了研究位移变化的比尺效应,按开挖次序分为 4 m×4 m、5 m×5 m 和 3 m×3 m 三个不同尺寸的断面,各断面相应的洞长分别为 20 m、25 m 和 11.6 m,其余为渐变段。

在洞中一共布置了 7 个收敛观测断面。其中,在 4—4 断面处布置了 7 个标点、14 条测线以作收敛观测,其余断面均布置有 5 个标点、6 条测线。收敛断面的布置情况如图 7 - 10 所示。

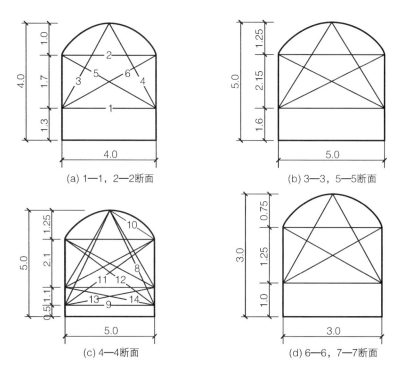

(a) 1—1, 2—2断面

(b) 3—3, 5—5断面

(c) 4—4断面

(d) 6—6, 7—7断面

注:图中各断面的收敛测线编号相同,如(a)所示。

图 7 - 10　试验洞收敛断面布置示意图

试验洞的现场收敛观测结果汇总如表 7 - 10 所示。

表 7 - 10　收敛位移量测结果

断面	测　　线/mm					
	1	2	3	4	5	6
1—1	7.70	10.00	4.85	6.25	6.10	11.55
2—2	18.15	14.10	2.85	10.05	10.80	22.25
3—3	31.05	7.80	5.50	21.95	8.75	29.30
4—4	14.65	9.05	1.70	7.70	8.05	12.90
5—5	13.35	6.80	4.20	5.10	5.00	10.65
6—6	8.60	7.05	0.90	9.55	6.20	9.75
7—7	5.30	3.05	0.50	4.50	2.80	5.65

注:其中,断面 4—4 只给出 1~6 测线的量测位移值。

由位移反分析的大量研究结果可以知道,利用洞室表面收敛位移进行反分析,其结果要好于多点位移量测的深部位移值,因此,这里以试验洞的表面收敛位移量测结果进行围岩参数的进化反分析,为了取得更好的反演效果,采用进化规划进行了智能优化反演研究。

限于目前的技术条件,并使计算不过于复杂,在反分析计算中作如下假设:①围岩为均质连续体,且各向同性;②初始地应力为均匀地应力。

由现场观测及观察可明显发现,试验洞围岩已进入塑性状态,因此,这里进行围岩的弹塑性参数反分析。根据前述的现场围岩性质实测结果,并考虑前人的经验及预先假定的假设条件的限制,反分析中限定各参数的取值范围为

$$0.2\,\text{GPa} \leqslant E \leqslant 3.43\,\text{GPa}, \quad 0.23 \leqslant \mu \leqslant 0.26,$$

$$0.02\,\text{MPa} \leqslant c \leqslant 0.15\,\text{MPa}, \quad 13° \leqslant \varphi \leqslant 37°$$

需要说明的是,所用程序中的塑性屈服准则采用常用的 $D\text{-}P$ 准则。

把前述各已知条件及各量测断面的实测收敛位移值代入反分析程序进行计算,可以得到各量测断面处围岩的参数值。把它们的计算结果汇总列入表 7-11 中。

表 7-11　各断面围岩参数的反分析值

参数	断　面						
	1—1	2—2	3—3	4—4	5—5	6—6	7—7
E/GPa	0.884 3	0.472 4	0.394 2	0.961 8	1.594 3	0.759 3	0.975 3
μ	0.258 6	0.257 4	0.254 4	0.256 0	0.233 9	0.253 8	0.250 5
c/MPa	0.068 9	0.138 5	0.117 3	0.087 6	0.073 7	0.131 5	0.121 5
φ/(°)	34.52	34.88	32.54	33.66	16.01	32.94	31.84

为了验证围岩参数的反分析值的可行性,把各断面处的围岩参数反分析值代入有限元程序进行正分析计算,可得到各断面上各测线的计算位移值。其结果示于图7-11中。为了同实测位移进行比较,图中同时也绘出了各测线的实测位移值。

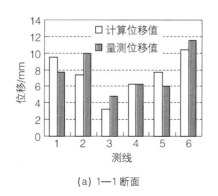

(a) 1—1 断面

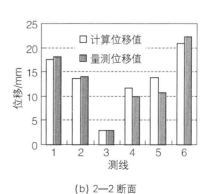

(b) 2—2 断面

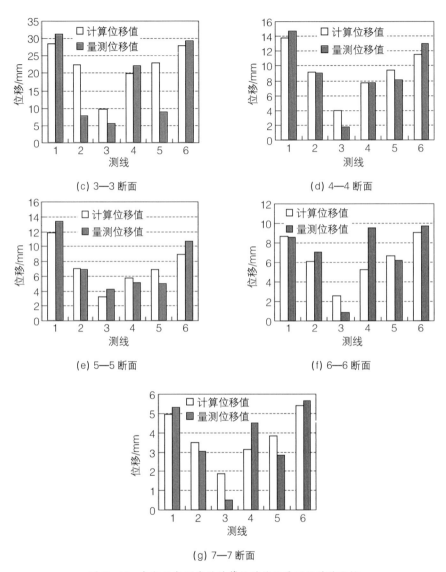

(c) 3—3 断面

(d) 4—4 断面

(e) 5—5 断面

(f) 6—6 断面

(g) 7—7 断面

图 7-11　各断面各测线的计算位移值及量测位移值比较

　　由图 7-11 可见,由反分析参数值得到的计算位移值同实际量测位移值基本一致,说明反分析得到的参数值是可信的,可以用于工程实际位移预测,这就说明这里提出的反分析算法是可行的,完全可用于工程实际。

　　但是,仔细分析上述位移图,可发现,各断面处的测线的计算位移值均呈现出一个明显的变化规律,而实测位移值的规律性不强,甚至在有些断面处丧失此规律。当实测位移的规律性较强时,其与计算位移值的吻合程度很高,如断面 2—2,4—4,5—5;而当实测位移规律不强或无规律时,其与计算位移值的吻合程度较差。其原因可能是,有限元计算中各断面的基本条件除围岩性质参数不同外其余均完全相同,因此,各断面处的计算位移值的变化规律一致。而对于实际围岩体,由于它们不符合均质、连续、各向同性的假设,而且初始地应力场也不会是一个均匀应力场,因此,各断面的实际量测位移值很难符合同一规律。由于实际围岩体的基本情况并不符合理论计算所基于的基本假设,因此,导致计算位移值同实测位移值在某些断面的某些测线处差距较大,甚至很大,如断面3—3处的2,5测线。但一旦实际围岩体的基本情况稍微同理论假设接近时,反分析总能找到代表该处围岩的最理想参数值,使其计算位移同实测位移尽可能一致,如断面2—2,4—4。

反演计算是进行岩土与地下工程反馈控制的主要一环,也是反向思维方式在岩土与地下工程计算中应用的一个成功范例,其发展已有了较长的历史,而把智能技术同传统反演方法相结合产生的智能反演方法是最近几年反演技术发展的新方向。由于这种技术把信息技术中的智能信息处理方法同传统工程技术进行了完美结合,智能反演技术无疑将具有很强的生命力。由于智能技术本身的不完善性及两者结合中存在的不合理性,目前的智能反演技术还存在进一步发展的空间,如智能逆向反演法存在计算结果比较依赖于先验知识,而智能优化反演法的计算效率又不高等。但是,随着研究的深入以及智能技术本身的发展,在不久的将来这些问题一定会得到较合理甚至完美的解决,智能反演技术将会得到更加飞速的发展。

7.3 智能反馈控制方法

地下工程是一个受多种因素影响的工程系统,如果仅仅考虑一个方面进行控制是很不合理的,因此,很多学者认为对这类问题应该从系统角度进行处理。同济大学廖少明(2002)给出了盾构隧道施工控制的系统流程图,如图7-12所示。

既然地下工程可以从系统角度进行描述,那么对它们的控制也可以从系统控制论的角度进行处理。北方交通大学刘维宁等曾从控制论的角度对城市地下工程的施工动态控制进行了研究,得出了很有意义的结

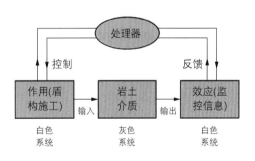

图7-12 隧道施工控制的流程图
(廖少明,2002)

论。但是,传统的控制理论只能解决比较简单的系统控制问题,且解决效果依赖于人们对系统的了解程度,为了更好地解决复杂地下工程施工系统的控制问题,采用新型自动控制技术是很有必要的,而智能预测控制技术是近年来得到了飞速发展的新型控制技术,把它们同地下工程施工系统的控制相结合,必然能产生很好的控制效果。

7.3.1 智能预测控制技术

1. 预测控制方法介绍

预测控制是一种基于模型的控制,它是 20 世纪 70 年代发展起来的一种新的控制方法,具有预测模型、滚动优化和反馈校正等特点。预测控制对模型的要求不同于其他传统的控制,它强调的是模型的功能而不是结构,只要模型可利用过去已知的数据预测未来的系统输出行为就可以作为预测控制的模型。预测控制是一种优化控制算法,但与通常的离散最优控制算法不同,它不是采用一个不变的全局最优化目标,而是采用滚动式的有限时域优化策略,也就是说,优化过程不是一次离线完成,而是反复在线进行。这种局部的有限时域的优化目标使它只能获得全局的次优解。但是由于优化过程反复在线进行,而且能更为及时地校正因模型失配、时变和干扰等引起的不确定性,始终把优化过程建立在从实际过程中获得的最新信息的基础上,因此可以获得鲁棒性较满意的结果。

由于实际系统存在着非线性、时变、模型失配和干扰等不确定因素,使得基于模型的预测不可能准确地沿某个参考轨迹达到预期的设定值。在预测控制中,通过系统的预先设定值与模型的预测值相比较,得出模型的预测误差,通过极小化某个目标函数导出未来的控制序列,这个控制序列使未来的预测序列沿某个参考轨迹逐步达到设定值,从而使系统演化朝着预期的方向发展。正是这种由模型预测再加反馈校正的过程使预测控制具有很强的抗干扰和克服系统不确定性的能力。

预测控制的算法如下:

(1) 设定期望的未来输出序列 $y_r(t+j)$,$j = 1, 2, \cdots, N$。设序列 $\{y_r(t+j)\}$ 可能是一个已知的时间序列,也可能在一段时间里等于某个常数 y_{r0}。

(2) 借助某个预测模型,产生预测输出 $y(t+j \mid t)$,$j = 1, 2, \cdots, N$。

(3) 计算预测结果与设定值的误差 $e(t+j) = y_r(t+j) - y(t+j \mid t)$。

(4) 求性能判据 J 的最小值,得到最优控制序列 $u(t+j)$,$j = 1, 2, \cdots, N$。预测控制中常常采用增量控制来代替全值控制,当经历 N_u 个未来控制后,控制增量将变为零。参量 N_u 称为控制长度。在当前时刻 t,仅对过程施加当前控制,当前控制增量 $\Delta u(t) = u(t) - u(t-1)$。

(5) 采用 $\Delta u(t)$ 作为第一个控制信号。

(6) 将所有序列平移,准备进行下次采样,在下次采样后,重复上述各步骤,以便根据最新实测数据更新未来的控制序列,即实现滚动优化。

可见,在预测控制系统中,只要确定了三个主要环节:预测模型、滚动优化和反馈校正,就可以得到一个具体系统的预测控制模型。

2. 控制方法

1) 基于神经网络的预测模型

由上述预测控制的具体算法可以发现,预测控制中的预测模型应该是一个进行时间序列预测的良好模型。对地下工程系统,采用神经网络模型进行研究是比较合适的,因此,在这里的研究中,预测模型采用神经网络模型。

2）基于模糊系统的反馈校正模型

模糊系统控制具有两方面的显著优势。

首先,在理论方面,采用模糊控制而不是其他控制算法的原因在于:第一,模糊控制是基于规则的,既可以利用误差等数据信息,也可以利用专家的经验知识,这就为设计合适的控制策略提供了灵活性;第二,模糊控制无须建立被控对象的数学模型,由于控制面对的是某种形式的预测系统,对这样的控制对象建立精确的数学模型是非常困难的;第三,模糊控制是非线性控制,而被控的预测模型和预测对象(变形曲线)都是非线性的,对其进行误差反馈修正,调节器应该是非线性的。模糊控制器是万能的非线性控制器,合理的设计和调节可以得出理想的预测误差修正机制。

其次,在实用方面,采用模糊控制的原因在于:第一,方便易懂,模糊控制不同于越来越复杂化的其他控制理论,它模仿人的控制策略,同时也易于随时在控制中加入新的经验规则,改善系统性能,这样的控制便于工程技术人员理解和自行设计;第二,执行简便,这里使用的模糊控制是最基本而又最常用的查表式模糊控制,易于实现和调节,而且运行速度很快,可以满足各种实时性要求;第三,容易开发,随着模糊控制应用的迅速普及,现成的软件开发工具不难得到(如 Matlab 等),这为今后采用更优化的模糊控制方案提供了便捷的开发方式。

7.3.2 智能预测控制技术在基坑工程中的应用(袁金荣,2001)

首先,在预测建模方面,把每天的监测数据输入神经网络预测器,由预测器刷新此后 10 天的变形预测值,系统在给出目前的变形速率、未来 10 天的墙体位移和地面沉降预测值的同时,自动转入模糊控制器,由控制器根据预测值作出下一步施工决策,发出施工指令;施工人员根据该指令进行施工参数的调整,进行后续施工,同时,后续监测数据又进入神经网络预测器,再预测—控制,如此向前滚动,直至施工结束。从而保证施工过程中的变形不会超过允许值,真正做到信息化施工和变形的实时控制。

模糊控制器的一个输入为警戒值与预测值之差 E,另一个输入为当前实测日变形速率 C(即当天累计变形量与前一天累计变形量之差)。输出为后续施工的控制策略(施工参数的变化),决策控制量的控制策略取值为:{U1(正常)="变形正常,请继续";U2(轻微异常)="变形趋势可能超过警戒值,请减小分层厚度 h";U3(较危险)="变形趋势超过警戒值,请减小开挖步长 L";U4(危险)="变形趋势超过警戒值,请减小无支撑暴露时间 Tr";U5(紧急注浆)="变形已超过警戒值,且变形速率仍在快速发展,请立即注浆以加固地基!"。由 U1 到 U5,基坑变形的危险程度逐渐增加,也即随着基坑变形预测值与警戒值的临近,控制器自动给出相应的需要调整的施工参数,施工人员按照控制器的指令进行操作,即可保证基坑的变形得到有效控制,使基坑开挖施工正常进行。控制量

U5 实际上是一种极端情况,在控制器中很难碰到,因为在给出 U5 指令前,系统已多次给出 U1 到 U4 之间的施工参数调节指令,而施工人员一旦按指令作出调整后,后续施工过程中的基坑变形将会相应减小,此时控制量指针将朝着 U1 方向而不是 U5 方向偏移,因而,通常情况下不会出现 U5 的情况。

一般应该将输入的精确量的变化范围重新定标到某一个范围(即论域)内。实际应用中,一般把输入量 E, C 的范围设定在 $[-6, +6]$ 连续变化。对于模糊控制器,其输入量 E 的变化范围根据实际情况可取为 $[-60, +60]$,若在运行过程中发现实际输入值大于 60,则将其取为 60;若小于 -60,则取 -60。而输入量 C 的变化范围取为 $[-10, +10]$。

论域确定后,将其离散化为 13 个等级,即 E, $C \in \{-6, -5, -4, -3, -2, -1, 0, 1, 2, 3, 4, 5, 6\}$,再将 $[-6, +6]$ 之间连续变化的量分成 5 档,记为 PB(正大)、PS(正小)、0(零)、NS(负小)和 NB(负大),将输出 U 的论域确定为 $[1, 5]$,再将该论域分成 5 档,记为 U1(正常)、U2(轻微异常)、U3(较危险)、U4(危险)和 U5(紧急注浆),根据实际系统,分别写出各档的隶属函数,这里取为三角形函数。根据实际施工和专家经验,总结出模糊控制器的控制规则,如表 7-12 所示。

表 7-12 模糊控制规则集

C	E				
	PB	PS	0	NS	NB
PB	U1	U2	U4	U4	U5
PS	U1	U1	U4	U4	U4
0	U1	U1	U1	U2	U3
NS	U1	U1	U1	U1	U3
NB	U1	U1	U1	U1	U3

经过模糊推理合成,得到模糊控制器的输出,即基坑后续施工的控制策略(施工参数控制量)。由于该控制策略最终要由施工人员根据现场情况加以实施,因此,控制量的值不需要反模糊化,而直接以模糊量给出。

图 7-13 为上述过程的实现流程图。

7.3.3 工程实例分析

某基坑位于道路密集的市区,施工场地狭小复杂。基坑平面是组合矩形,如图 7-14 所示,尺寸为 $86\,m \times 16\,m$,开挖深度 $20.43\,m$,端头井部分深达 $24.46\,m$,围护结构为地下连续墙,深 36 m、宽 1.0 m。采用钢支撑与钢筋混凝土支撑相结合的支撑形式。沿基坑四周布设了 9 处墙体水平位移监测点,在基坑四周不同地点共设了 34 个地面沉降观测点,以便在施工过程中对基坑四周的地面

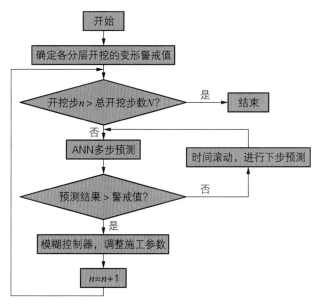

图 7 - 13 基坑施工智能控制的流程图

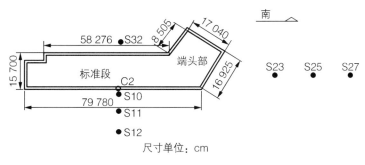

尺寸单位: cm

图 7 - 14 基坑位置形状示意图

沉降和墙体水平位移进行监测。选取基坑西侧墙体水平位移监测点 C2 和 S10，S11，S12，S23，S25，S27，S32 等 7 个沉降观测点(其位置见图 7 - 14)的监测结果,利用智能预测控制系统进行预测并实施控制。

根据基坑的周围环境条件和基坑变形控制保护等级标准,该基坑变形控制保护等级确定为一级,其控制要求为:地面最大沉降量 $\leqslant 0.2\%H$，围护墙最大水平位移 $\leqslant 0.3\%H$。基坑最大开挖深度 24.46 m,则地面允许最大沉降量为 48.62 mm,墙体最大水平位移警戒值为 73.38 mm,此值即为基坑变形警戒值。

基坑开挖在 2 月 4 日以前,预测控制系统作出的预测均在警戒值以内,给出的施工指令为:U1 ("变形正常,请继续")。至 2 月 4 日开始,监测结果表明,最大墙体水平位移已达 72.21 mm,地面沉降最大达到 43.13 mm,当天的最大墙体水平位移速率为 2.11 mm,沉降速率为 -0.35 mm。神经网络预测器预测认为此后第 2 天(即 2 月 6 日)的最大墙体位移为 74.25 mm,第 7 天(即 2 月 11 日)将达到 80.33 mm,均超过警戒值,预测的最大地表沉降在第 7 天(即 2 月 11 日)将达到 49.2 mm,也超过警戒值,模糊控制器根据预测结果和当日变形速率,自动作出下一步施工决策,根据墙体水平位移预测值作出的决策响应为 U3(较危险)="变形趋势超过警戒值,请减小开挖步长 L",而根据地表沉降预测值作出的决策响应为 U2(轻微异常)="变形趋势可能超过警戒值,请减小分层厚度 h"。由于开挖步长 L 比分层厚度 h 对变形更加敏感,因此,模糊控制器最终给出的施工参数调节指令为"减小开挖步长 L"。现场技术人员根据控制器给出的指令,调整施工方案,将开挖步长由 6 m 减为 3 m,并做到随挖随撑,这一措施使每步开挖中的暴露宽度减小 50%,并将每一步开挖的无支撑暴露时间由原来的 24 h 减为 16 h。

施工方案调整后,后续监测位移和沉降的日变形速率随之减小,实测结果表明,2 月 11 日的地表沉降为 45.94 mm,墙体最大水平位移实测值为 76.99 mm,当日墙体位移速率为 0.35 mm,地表沉降速率为 0.02 mm,有效控制了变形的发展。控制效果如图 7 - 15 所示。此后每天根据监测结果反馈预测控制系统,不断进行预测—控制—再预测—再控制,直到整个施工过程结束,终于按要求控制了墙体位移和地表沉降,达到了保护环境安全的要求。

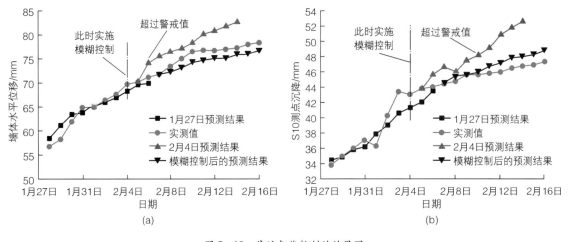

图 7 - 15 基坑智能控制的结果图

地下工程施工中的控制技术是信息化施工的具体体现,是保证工程顺利安全施工的一个重要方面,其研究具有重大的理论价值和现实意义。而智能控制技术这种先进的控制理论同地下工程施工的结合产生出的地下工程智能反馈控制技术是现代自动化技术和传统工程技术相结合的典型代表,其研究和发展必然对地下工程施工技术的发展具有极大的推动作用,是一个很有前途的研究方向。

第8章 地下工程监控案例分析

本章首先给出一般意义上的地下工程控制技术和措施，然后通过软土盾构隧道、深基坑开挖、顶管施工隧道以及岩石公路隧道 4 个工程案例，利用前面介绍的各种分析和预报方法及原理，对现场工程监测数据进行分析，对工程进行反馈和控制，进而达到安全施工的目的。

由于周围地层及施工工艺的复杂不确定性,地下工程在施工及后期运营中的安全控制离开现场监测是很难得以保障的。地下工程监控即根据地下工程的安全监测信息,指导对设计施工运行方案的修改优化。本书从第2章到第7章,是对现场监测数据的分析,进而根据已有监测数据信息,采用不同的方法,对地下工程进行预报,再根据预报结果进行反馈以指导施工或运营,确保施工或运营的安全。

广义的地下工程施工动态反馈与控制流程见图8-1,对岩石或土体介质中的地下工程,在开挖前或开挖进行中,一般都要根据工程的规模和重要性埋设多个物理量的监测元件,如沉降、位移、压力、孔隙水压力等,根据监测的数据或信息进行未来工程性态或当下工程性态的预报,如果工程面临危险,则必须进行控制,否则继续下一阶段的开挖施工,继续监测,形成监测、预报、控制、再监测的循环监测反馈控制技术。本章首先提出一般意义上的地下工程控制技术和措施,然后通过早期完成的多个工程案例,利用前面章节介绍的分析和预报方法,对现场监测的数据进行分析,对地下工程进行反馈和控制,进而达到安全施工和运营的目的。具体包括软土盾构施工的影响监控、深基坑开挖的现场监控、软土顶管施工的监控以及岩石公路隧道施工中的监控等4个涉及软土和岩石介质以及基坑开挖、隧道掘进等的地下工程。

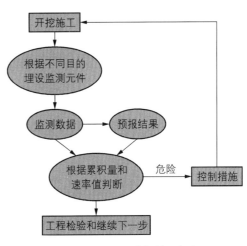

图8-1 工程反馈控制示意图

8.1 地下工程的控制技术

8.1.1 地下工程控制策略

地下工程安全与稳定涉及周围的围岩或土体的介质特性、地下结构本身以及采用的修建方法。因此在地下工程控制中必须要根据出现危险的源头性质,依据现场监测和预报的信息数据,按照一定的程序,采用安全、经济、可操作及可持续的控制策略来开展地下工程的控制工作。本章的控制主要针对地下工程施工中的控制技术。

地下工程的控制策略一般分主动控制和被动控制两个层面,但无论主动还是被动,都离不开以下三个层次的控制技术,见图8-2。

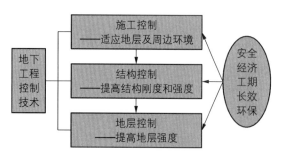

图8-2　地下工程控制技术策略

(1)施工控制,即施工设备或施工参数的调整适应地层和环境的要求,这是相对省时省力的控制措施,也是控制措施中的上策,但付出的代价是施工速度放慢,工期相对延长。

(2)结构控制,即对地下工程结构本身进行加固提高已有结构的刚度和强度,当地下工程的施工设备或施工参数不能有效地控制地下工程的安全及稳定性时,或对施工作业面以后的地下工程结构出现失稳情况时,需要对结构本身进行加固。这一控制也属于省时省力的措施,在充分论证结构加固措施后,其效果不但不影响工程的施工进度,经济成本也是相对较低的。

(3)地层控制,即对周围地层进行改良加固,提高地层的强度。当工程的安全问题是因周围地层引起时,则必须要对相应部位的地层进行加固,此措施是相对费钱和拖延工期的,但控制效果却是最为彻底的。其中对地层控制又分为对本身地层的改良和对施工影响隔离的保护控制。

对以上三个层面的控制技术,究竟应该采取哪种技术,应综合考虑工程安全性、控制技术的经济性、实施控制技术对工期的延误、控制效果的长期性以及控制技术措施对临近环境的生态影响等多方面因素,进行对比分析,选择合理可行且优化的控制技术措施。必须指出的是,当采用控制措施时,应继续进行监测,根据监测数据反馈决定继续控制还是停止。

8.1.2　地下工程控制措施

地下工程分类较多,根据地层特性分,有岩石地下工程和软土地下工程;根据几何维数分,有一维管状的隧道地下工程和明显三维效应的基坑地下工程;根据施工建造技术工法分,有明挖的基坑工程,也有采用盾构、顶管、沉管及矿山法施工的隧道工程。为此,地下工程的控制措施也有许多种,加之施工瞬息万变,控制措施也随环境变化而变化,很难罗列。这里仅按照第8.1.1节的控制技术策略和分类来给出初步简单的控制措施。

1. 施工设备及参数的调整控制

对软土盾构的施工,可通过调整盾构的转速、施加前舱压力、施加膨润土泥浆或泡沫润滑剂来调整盾构推进对邻近地层的扰动影响、盾尾二次注浆控制施工对邻近地层扰动等,具体调整参数的大小要根据监测或预报的信息数据进行。

在岩石隧道施工中,可以通过调整掘进方法和进尺、炸药类别和用量、加强初衬强度或及时施作仰拱、及时形成封闭圈等,有时,因为工期紧张,不可能全部施工仰拱,而采用间隔一定距离来施工仰拱,确保一定距离的环形封闭支护。

在软土基坑施工中,可以采用强支撑措施或通过调整分段分片的尺寸、开挖顺序、开挖土层的厚度以及及时浇筑混凝土垫层等措施来进行。

2. 地下工程结构的加固控制

对采用盾构、顶管和沉管修建技术的隧道工程,其结构几乎都是预制的混凝土结构通过不同接头形式连接形成的隧道结构。对于此类地下工程,其结构加固主要通过条状钢板黏结于混凝土内的主筋,或通过钻孔化学高强注浆,以提高混凝土结构的强度和刚度,达到控制隧道结构变形和局部破坏的目的。

对采用现场浇筑衬砌的矿山法施工的隧道,其结构加固形式多样,主要体现在初衬中。在初衬中,可以随时根据监测数据信息,采用钢结构和注浆来加强初衬的强度及刚度,也可以采用和超前地层管棚加固一起形成地层及初衬联合加固的措施;二衬中,结构加固和上述的混凝土结构加固基本相同。

3. 地层的改良和隔离控制

1）地层的改良加固

如果隧道要穿越敏感建(构)筑物,且地层软弱、地下水丰富,采用盾构或顶管推进时,必须事先对地层进行改良加固,如注浆或水泥土桩加固改良,满足盾构施工对地层参数的要求。

在岩石地层中,尤其是破碎和无法避开的断裂构造带中,必须事先对施工作业面前方地层进行加固,一方面对工作面前上方的地层进行加固,如施工超前长管棚结合小导管,形成一个坚固的"雨伞"棚;另一方面可以对工作面采用玻璃纤维锚杆加固、注浆加固等技术措施,提高工作面地层的强度和整体性。有时遇到前方岩溶水,必须事先采用诱导排水和地层加固等综合措施。

对于基坑工程,可采用坑内被动区加固、坑外地层加固等技术,具体措施包括井点降水、水泥土桩或注浆加固。

2）地层的隔离保护控制措施

在实际工程中,当依靠施工设备调整参数及结构加固、地层加固不能满足控制目的时,或现场施工环境无法实施上述措施时,或邻近的建(构)筑物重要性等级很高时(例如,运营的地铁、防汛墙、各类地下管线、文物建筑等),必须要对这些建(构)筑物进行隔离保护,避免地下工程施工的影响,进而达到控制目的。有的专家称此措施为主动保护措施。

一般主要采用施工排桩或隔离墙来抵抗地下工程施工引起的附加应力,隔断施工对保护建(构)筑物的影响。

8.2 软土盾构推进对临近基坑施工影响的监控案例分析

随着城市化进程的加快,盾构推进临近开挖中的基坑工程也是城市建设面临的高风险地下工程之一。下面以盾构推进相邻一正在施工的竖井基坑为例,竖井案例已在本书第3章中引用过,为确保基坑安全和盾构的顺利通过,对基坑开挖和盾构推进均实行了现场监控的信息化施工。

8.2.1 工程概况

上海市黄浦江行人隧道是浦江两岸最直接的联系纽带,是连接外滩与陆家嘴两个旅游区的交通工程。它西自南京东路外滩陈毅塑像北侧绿化带,东至陆家嘴东方明珠电视塔西侧公共绿地。隧道全长646.7 m,内径为6.76 m,包括浦东、浦西出入口及其他附属结构,浦西出入口竖井长88 m,宽15.7 m,挖深23.81 m,浦东出入口竖井是本文的关注重点,将在下面详细介绍。隧道采用盾构法施工,江中段隧道设有半径400 m、长度为400.195 m的圆曲线,隧道上下坡度均为48‰。行人隧道特殊的地理位置,说明该工程的重要性,但同时也预示了它复杂的周边环境。另外行人隧道的竖井基坑也比较特殊,尤其是浦东出入口竖井基坑和地铁2号线之间又存在复杂的相对位置关系,因此,以浦东竖井基坑和地铁2号线为背景研究施工中的相互影响问题是非常有意义的。

浦东出入口竖井基坑位于东方明珠电视塔附近,基坑平面为狭长矩形,分为标准段和端头井两部分。地铁2号线8号、9号盾构隧道间距16.0 m,直径6.2 m,隧道衬砌管片厚35 cm,每环纵向长度1.0 m,采用C50混凝土预制浇筑,隧道中心标高距地表21.23 m,由于8号盾构距离基坑很近,其推进对基坑造成的影响较大,9号盾构相对较远,因此,本章仅考虑8号盾构推进与基坑开挖的相互影响问题。

基坑在1998年6月17日以前正常施工,6月17日停止挖土,进入8号盾构对基坑的影响监测阶段。此时8号盾构推至319环,距离基坑的最近距离大约60 m,盾构的推进速度大约为5环/天。至7月1日,盾构推至380环,刚好推过基坑。7月8日,盾构远离基坑,位于对基坑的影响范围之外,不再考虑二者之间的相互影响,基坑重新开始挖土。竖井基坑挖深15.5 m时,地铁2号线盾构刚好从其旁边通过,盾构与浦东出入口竖井基坑的最近距离仅为3 m,其平面和空间的相对位置如图8-3所示。其中,6月17日至7月1日是盾构推进对基坑影响的重要监测阶段,该阶段实施的主要监测内容为:①孔隙水压力、土压力;②墙顶沉降;③墙体水平位移;④地下水位。测点布置如图8-3(a)所示,测点大都集中在端头井附近,没有意外情况时基本上每天进行测试,并以监测报告的形式记录下来。

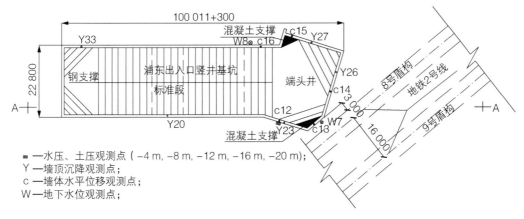

图中标注：
- 100 011+300
- 22 800
- Y33
- 钢支撑
- 浦东出入口竖井基坑
- 标准段
- 混凝土支撑
- W8
- c15
- c16
- Y27
- Y26
- 端头井
- c14
- 3 000
- 8号盾构
- 地铁2号线
- 9号盾构
- 16 000
- c12
- W7
- c13
- Y23
- Y20
- 混凝土支撑
- A
- A

⊠—水压、土压观测点(−4 m、−8 m、−12 m、−16 m、−20 m);
Y—墙顶沉降观测点;
c—墙体水平位移观测点;
W—地下水位观测点;

(a) 基坑与地铁隧道相对位置平面图及测点布置图

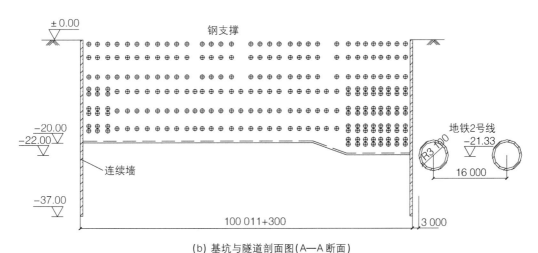

图中标注：
- ±0.00
- 钢支撑
- −20.00
- −22.00
- 连续墙
- 地铁2号线
- R3 100
- −21.33
- 16 000
- −37.00
- 100 011+300
- 3 000

(b) 基坑与隧道剖面图(A—A断面)

图8-3 基坑与地铁隧道的平面和空间相对位置

8.2.2 地层物理力学参数

竖井基坑穿越地层见本书第3章。土层的主要物理力学参数见表8-1。

综观土层地质勘探资料和物理力学参数,基坑所处地层为第四纪软弱黏土层,对地下开挖与围护结构变形和稳定以及盾构掘进的稳定性存在以下主要不利影响:

(1) 该土层主要为软塑到流塑状态的饱和黏性土或砂质黏土,孔隙比较大,压缩系数较小,土的强度指标较低;含水量高,地下水位高,但渗透系数较小;土体颗粒很细,当原状土受到振动后,土体结构受到破坏,因此在基坑开挖和盾构掘进时土体会产生很大变形。

(2) 基坑开挖主要位于②₂砂质粉土层,砂质粉土在动水压力作用下易产生流砂及坍塌,因此对连续墙的施工和安全以及盾构的顺利推进影响很大。

表 8-1　土层的物理力学参数

土层	厚度/m	含水量	孔隙比 e	内聚力 c/kPa	重度 γ/(kN·m⁻³)	内摩擦角 φ/(°)	压缩系数 α_{1-2}/MPa⁻¹	压缩模量 E_{1-2}/MPa
① 杂填土	2.10							
②₁ 粉质黏土	0.60	32.7%	0.933		18.3		0.390	4.76
②₂ 砂质粉土	16.70	33.2%	0.942	2.57	18.3	31.5	0.259	7.52
⑤₁ₐ 黏土	3.00	37.7%	1.038	14.33	18.1	15.7	0.517	3.95
⑤₁ᵦ 粉质黏土	21.40	34.3%	0.962	15.25	18.2	17.2	0.401	4.90
⑥ 粉质黏土	3.90	21.3%	0.593	25.00	20.2	23.7	0.210	7.74
⑦ 粉细砂	未穿	23.8%	0.678	3.00	19.5	35.8	0.120	13.86

8.2.3　基坑现场监测分析

本工程案例中,现场监测能及时反映地铁盾构推进对基坑的影响情况,适时调整盾构的施工参数和推进速度,把盾构推进对基坑的不利影响降到最低程度,而且二者位于同一土体介质中,因此保证基坑的安全就是减小对盾构的威胁。

1. 坑外土压力、孔隙水压力分析

图 8-4 是坑外土压力、孔隙水压力在不同工况下沿深度的变化曲线,其压力的变化规律如下:

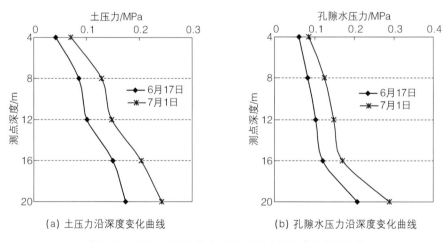

(a) 土压力沿深度变化曲线　　　(b) 孔隙水压力沿深度变化曲线

图 8-4　不同工况下土压力、孔隙水压力沿深度的变化曲线

(1) 孔隙水压力和土压力都随深度不断增加。但二者增加的速度有互补趋势，即土压力增加较快的地方，孔隙水压力增加较慢，该现象在 16 m 深度的地方表现得尤为明显，该点土压力增加较快而孔隙水压力增加相对较慢。

(2) 6 月 17 日至 7 月 1 日为 8 号盾构推进对基坑的影响阶段，在该时间段内，水压力、土压力均有增加，最大增加值达 38%，也就是说盾构推进引起坑外水压力、土压力的增加，而压力的增加必然导致墙体位移的增加，所以说盾构推进威胁着基坑的稳定性，同时，基坑的变位也影响着隧道的安全。

(3) 对比发现，水压力、土压力随时间增加而增加，但压力的增加并没改变其沿深度方向的分布趋势。在不同的深度处压力的变化程度不同，随深度的增加，压力的增加值不断增大，在 4 m 深度处压力的增加值最小，土压力增加 26 kPa，水压力增加 22 kPa；而在 20 m 深度处达到最大，土压力增加 67 kPa，水压力增加 79 kPa。可见，在盾构埋深附近盾构推进对基坑的影响较大。由压力的变化规律可知，在盾构轴线上方 $2.0D$（D 为地铁盾构直径）范围内盾构推进带来的不利影响相对较大，超过此范围，在地面 4 m 深度处，影响很小。

图 8-5 是基坑停止开挖、基坑正常降水的情况下，土压力、孔隙水压力随时间的变化情况，从图中可以看出如下一些问题。

(1) 6 月 17 日以前土压力和孔隙压力整体变化很小，并且有少量减小；在以后的十一二天内，随着盾构的推进，引起水压力、土压力逐渐增加，在盾构埋深附近，平均每增加 1 环，土压力增加 6%，约为 1.1 kPa，而水压力只增加 3%，约为 0.6 kPa。随着盾构逐渐接近基坑，土压力的增加速度基本不变，为 1.1 kPa/环，水压力的增加速度加快为 4.2 kPa/环，因此可以看到，在没有外界其他影响因素的前提下，水压力、土压力的变化必然是由盾构推进引起的。

(2) 从土压力和孔隙压力的变化来看，盾构推进对基坑及周围土体存在挤压作用。从土压力的增幅来看，20 m 左右的土压力和孔隙水压力的增幅较其他深度处的增幅大，平均比地面附近压力增大 40~60 kPa，由此也可以看出盾构推进时对推进面附近的影响最大，沿推进面向上其影响不断减弱，地下 4 m 处水压力、土压力的变化很小，说明盾构推进产生的挤压作用在地面附近已基本消散完毕。

(3) 图 8-5 还反映出，土压力和孔隙水压力在 7 月 1 日以前不断增加，增加 16~24 kPa，后又减小了 6~8 kPa，说明盾构推进时对周围土体产生挤压，使压力增加，尔后产生弹性恢复，压力减小。土压力的减小可能是由于压力增加引起位移的增加，进而引起压力减小，或者由于盾构推进产生的应力随盾构推进重分布而造成的。总之，压力在经历了减小→增加→减小的动态变化后，也会使基坑和隧道的受力发生同样的变化，因而势必影响二者的安全和稳定。

从以上分析可知，盾构推进确实对周围土体产生挤压，尤其是在盾构轴线上方 $2.0D$ 范围内影响较大，因此对该范围内的构(建)筑物，一定要加强保护。

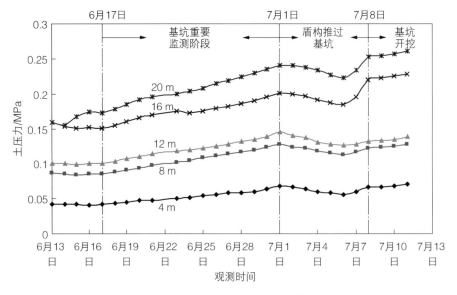

(a) 不同工况时土压力的变化曲线

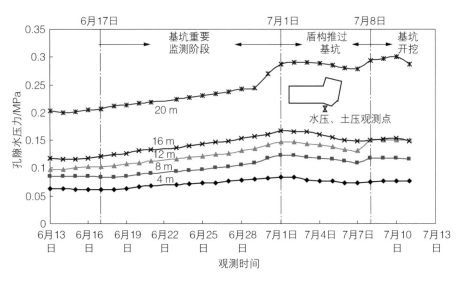

(b) 不同工况时孔隙水压力的变化曲线

图 8-5 不同工况时土压力、孔隙水压力的变化曲线

2. 墙体水平位移分析

墙体水平位移的突增会危及基坑的稳定,同时也是导致相邻环境过量变位的主要原因。鉴于这一缘故,把墙体水平位移监测作为基坑监测的主要内容,是判断基坑稳定与安全的重要依据。墙体水平位移的变化情况不仅可以反映基坑本身的变化及其对周围环境的影响,同时也可以反映外

界对基坑的影响。本文选定有代表性的墙体挠曲测点 c12，c13，c14，c15，c16 进行分析，测点的具体布置位置如图 8-3(a)所示。图 8-6 为测点 c12 处墙体水平位移沿墙深的变化曲线。

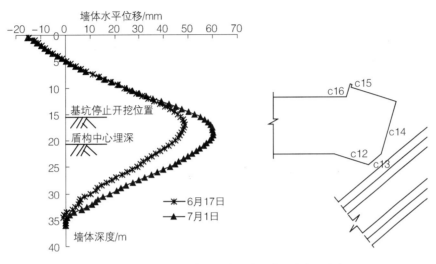

图 8-6 测点 c12 处墙体侧向位移沿墙深的变化曲线

从图 8-6 可以看出如下规律。

(1) 6 月 17 日基坑开挖至 -15.5 m 并停止挖土时，墙体最大位移发生在开挖面以下 1.5 m 处，最大位移为 48.42 mm，而墙顶却向坑外变形 15.6 mm。7 月 1 日盾构刚好推进基坑时，墙体位移不断增大，并且最大位移发生的位置下移 1.5 m，出现在 -18.5 m 深度处，最大位移达到 60.28 mm。

(2) 在墙体不同部位，侧向位移的增加量不同，在 0～13 m 之间墙体侧向位移变化很小，在墙深 13～18.5 m 范围内，墙体位移不断增加并且达到最大值，此时，位移峰值增加了 25%，然后位移又不断减小，在墙体底部侧向位移基本为零。

(3) 虽然墙体位移的峰值出现在 -18.5 m 处，但最大位移增量则出现在 -21 m 左右，也就是在盾构的埋深处，位移增量最大值约为 8 mm。由此可见，在开挖面以下至盾构埋深处，墙体侧向位移和位移增量较大，因此，当盾构推进时，这一区域受到的影响最大，应加强保护。从整个位移增量来看，在轴线上、下方 2D 范围内，必须考虑盾构推进产生的影响。

图 8-7 是基坑在不同工况时墙体水平位移的变化情况，图中所选位移值为开挖面深度处(即 -15.5 m 处，自然地坪以 ±0.000 计)的墙体位移，从图中可以看出：

(1) 在开挖状态相同时，墙体位移的大小与其所在位置和该处的支撑情况有关，c16 位于基坑长边并且此处的基坑转角较小，因此位移最大，将近 80 mm，而 c13 位于基坑较短一边，并且此处支撑加强，水平位移不到 10 mm，其他各点的位移变化在上述二者之间。

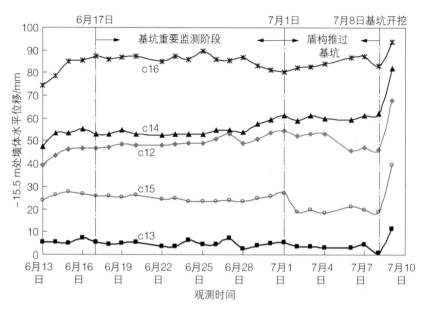

图 8-7　墙体水平位移随时间的变化情况(-15.5 m 处)

(2) 6 月 17 日以前基坑处于正常施工阶段,墙体位移平稳缓慢增加;6 月 17 日以后大约 10 天内,由于盾构距离基坑较远,基坑墙体位移变化不大,而且在某些部分(如测点 $c15$ 即基坑的阳角处)墙体位移还有所减小;至 7 月 1 日,盾构推过基坑时,$c12$、$c13$、$c14$、$c15$ 位移增大,$c14$ 位移增加最多,为 7.7 mm,其次是 $c12$,位移增加 5.5 mm,$c13$ 位移增加最小,其增加量为 2.7 mm,而 $c16$ 位移减小 6 mm(也就是墙体有向坑外变形的趋势),可见盾构推进引起墙体水平位移改变。

(3) 位于基坑不同位置受盾构推进的影响情况也不同,$c12$、$c14$ 在推进面的正前方,且位于墙体的中点,因此变位较大,盾构推过时,二者位移增加量分别为 11% 及 14%,而 $c13$ 所在墙体边长较短,且其所在边与盾构推进方向平行,因此其位移增加量小于前二者,但相对位移量几乎增加了一倍,这也说明盾构推进对其前方基坑的影响是不容忽视的。$c15$ 位于基坑的转角处,对位移的变化比较敏感,盾构推过时位移增大 3.52 mm,推过以后,墙体位移明显恢复,位移在 1 天之内减小了 7 mm,因此,该位置不论在基坑正常开挖阶段还是盾构推进的影响阶段都必须加强监测。$c16$ 位于基坑的另一侧,盾构推进对它产生的影响与其他测点有所不同,会出现位移减小的趋势(图 8-6 也反映了这一变化规律)。由此可见,在盾构正前方区域内尤其是垂直于推进方向的基坑墙体受盾构推进的影响很大,在对基坑采取保护措施时,应以该区域为重点。

(4) 7 月 8 日前后,基坑继续开挖,墙体位移突然增加了 15 mm 左右,由此可以看出,盾构推进对墙体变位的影响比基坑开挖小得多。

(5) 由图 8-7 还可以看出,盾构推进过程中,墙体在 7 月 1 日前后两三天位移变化较大,以盾构每天推进 5 m 的速度来计,在推进面前后 10~15 m,即 $(1.5 \sim 2.0)D$,盾构推进对基坑影响较大。

本例中盾构中心埋深为-21.33 m,从图8-8可以看出,盾构推进时,对基坑的影响在不同深度处其影响程度不同,不论盾构推进对基坑的影响程度如何,都是在盾构埋深处影响最大,而沿盾构埋深向上、向下影响不断减弱。由图8-6可知,盾构轴线下方所受影响大而且衰减慢,轴线上方尤其是在地表附近盾构推进产生的影响消散很快。

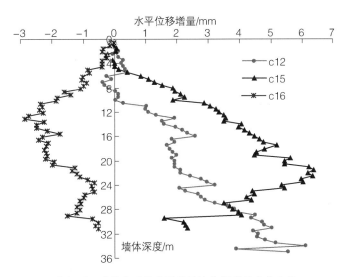

图8-8　墙体水平位移增量随墙体深度的变化曲线

3. 墙顶竖向变位分析

盾构推进使地层隆起或沉降,进而引起围护墙体的竖向位移发生变化,图8-9表示不同工况下墙体的沉降情况。

(1) 墙体竖向位移曲线较之水土压力、墙体水平位移变化曲线更加"跌宕起伏",说明墙体竖向位移在盾构推进过程中变化剧烈,实际上这是影响基坑稳定性的不利因素。

(2) 从图中可以看出,由于盾构正面推进和侧向挤压的影响,墙体在影响监测阶段内上抬了2 mm。其中,6月26日、27日的大雨使墙体沉降了将近4.5 mm,此外在盾构推过基坑的过程中,墙体的竖向位移有所增加,但增加速度很慢,在7月1日到7月8日期间,墙体只上抬了1.1 mm。

(3) 从图中还可以看出,测点受影响的程度不仅和盾构推进距离有关,还和测点位置有关。测点Y33的值变化最小,只有0.9 mm,因为测点Y33位于基坑的另一侧,距离盾构推近位置最远,因此其受影响最小;而测点Y23位于推进面的正前方,直接受盾构推进的影响,在盾构的整个推进阶段内墙体上抬了5 mm;Y20处墙体上抬量小于Y23,竖向位移只增加了4 mm;Y27的位置比较敏感,受影响也较大,变化范围为3～4 mm。因此,在对基坑采取保护措施时,不仅要注重有效影响范围内的保护,还要重视基坑敏感部位的防护。

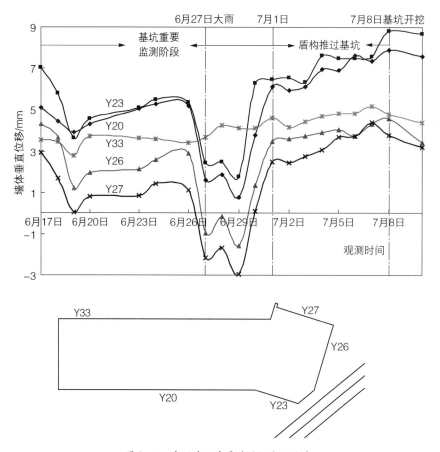

图 8-9　墙顶总沉降量随时间变化曲线

(4) 7 月 8 日以后基坑开挖,同时中楼板施工,墙体的上抬有所减小,但减小值不到 1 mm。

由墙体竖向位移曲线可知,墙体上升和下沉交替出现,最大位移变化量可达到 5 mm,这对基坑的稳定、地表沉降和墙体稳定性有很大影响,因此,在施工中必须加强监测,掌握墙体的变位情况,防止墙体出现破坏现象。

4. 坑外水位分析

图 8-10 为地下水位的测点布置及水位标高-时间关系曲线,表明了地下水位随时间的波动情况。在盾构推进影响的监测段,地下水位的变化有两种情况:①水位变化平缓;②水位呈 V 形或 Λ 形变化。

(1) W7 点水位在 6 月 25 日出现 Λ 形变化,水位先上升 1.89 m,然后又下降了 1.8 m,此时天降大雨,而后积水又迅速排出,由此可见降雨对地下水位的影响很大。7 月 1 日 W7 水位出现 V 形上升,水位上升了 1.4 m,也是雨水排出后水位的又一次上升,在基坑状态和外界水文条件没有变

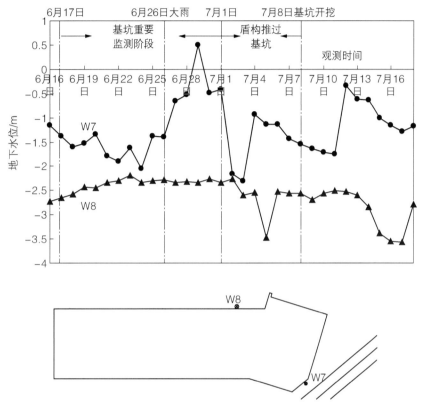

图 8-10　地下水位随时间变化曲线

化的情况下,盾构推进引起位于盾构推进正前方 W7 测点附近水位的增加。

(2) W8 测点位于基坑的另一侧,其附近水位变化不如 W7 大,其中水位的 V 形变化可能是围护墙体稍有漏水的缘故,因此盾构推进对附近土体的挤压作用也会造成地下水位的上升。

以上分析说明,不同位置测点地下水位的变化也反映了盾构推进对基坑不同部位的影响情况,在盾构推进面正前方一定范围内基坑受影响较大,远离盾构面的地方影响明显减弱。同时也说明用量测地下水位变化的方法来反映盾构推进产生的影响是极其方便的。

从以上分析可以看出,盾构推进对基坑确实存在不利影响,盾构推进时对基坑有加载效应,而盾构推过后,基坑又受到卸载影响,在砂质粉土地层,这种动态的效应会对基坑产生很大的潜在危害,因此,在优化盾构施工参数的同时,也必须对基坑采取积极的保护措施,把不利影响降到最低水平。

8.2.4　基坑施工中采取的控制措施

为防止盾构推进影响基坑的稳定性,一方面要控制盾构推进时的施工参数,使工作面处的土体

基本保持平衡状态,防止土体的超挖、欠挖而引起坍塌、挤压;另一方面对基坑采取了如下的积极控制措施:

(1) 在进入盾构推进对基坑的影响监测阶段,基坑停止挖土;以防盾构推进对基坑的不利影响和基坑开挖带来的影响叠加,危害基坑的安全。

(2) 加强基坑坑外水压力、土压力和墙体变位等方面的监测。密切监视基坑的变化,适时调整盾构推进的参数,把不利影响降低到尽量小的程度。

(3) 在基坑开挖停止后,坑内降水继续进行,以提高被动侧的土体参数,抵抗盾构推进对基坑的变位影响。

(4) 基坑底部进行加固,标准段采用抽条压密注浆,抽条宽度为 3 m,间距也是 3 m,加固深度为 4 m,端头井采用满堂高压旋喷加固,加固深度也是 4 m。坑底加固对基坑开挖有利,且坑底加固位置和盾构埋深位置一致,也即正好位于盾构对基坑的最大影响处,这对控制基坑的变位非常有利。

(5) 基坑采用半逆作法施工,为加强基坑的支撑作用,−15.5 m 处中楼板采用半逆作法施工,中楼板的施工无疑增大基坑的整体刚度,有利于基坑的整体稳定性。

8.3 软土深基坑工程预报案例分析

本案例为某钢铁厂的漩流池深基坑工程,由于基坑周围环境敏感,在施工中必须实施信息化施工,将现场监测数据与预测值相比较来判断前一步施工工艺和施工参数是否符合预期要求,以确定和优化下一步的施工参数;另外,将现场测量结果用于信息化反馈优化设计,使设计达到优质安全、经济合理、施工快捷的目的。

8.3.1 工程概况及监测布置

某钢铁厂漩流池为埋深 35 m、有效直径 32 m 的圆形结构,漩流池基坑支护采用 1 000 mm 厚地下连续墙围护和 800 mm 内衬整体复合墙体,地下墙既作围护结构又兼作地下结构的外墙,墙体既要承受水土的水平荷载,又要承受竖向荷载,同时起防渗作用,即为"两合一"墙。井内衬采用半逆作法施工,并将其分为 6 个施工段依次浇捣。分层高度最小 2.5 m,最大 6.5 m。基坑开挖深度约为 35 m,底板厚 3.0 m,采用深井降水干封底。基坑开挖于 2006 年 3 月 29 日开始,于 2006 年 9 月 29 日浇筑底板混凝土。基坑开挖见图 8−11。

本工程案例开展的监测工作包括地下连续墙墙体深层水平位移监测、基坑内中心土体隆起监测、土压力监测、孔隙水压力监测、地下连续墙钢筋应力监测以及底板钢筋应力监测。监测方案布置见图 8−12。

图8-11 某钢铁厂旋流池基坑开挖

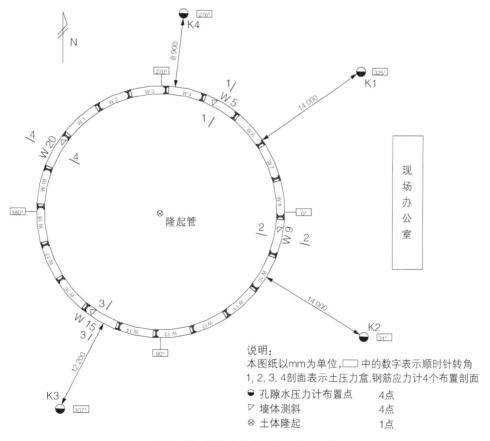

说明:
本图纸以mm为单位,▢中的数字表示顺时针转角
1,2,3,4剖面表示土压力盒,钢筋应力计4个布置剖面
◖ 孔隙水压力计布置点　　　4点
▽ 墙体测斜　　　　　　　　4点
⊗ 土体隆起　　　　　　　　1点

图8-12 漩流池深基坑监测布置方案

8.3.2　现场监测数据的预报方法

本研究结合实际工程背景,利用动态方程、时间序列分析和人工神经网络理论三种不同的方法对深基坑施工过程中围护墙体的位移进行综合分析动态反馈和预测,以弥补单一预测方法带来的不足。这里主要介绍动态方程方法,其他方法在本书前面章节中已有阐述。

工程中常用到的动态预测方程主要有以下 6 种曲线形式:

(1) 直线: $Y = a + bX$。

(2) 双曲线: $Y = a + b/X$。

(3) 复合指数曲线: $Y = k + ab^X$。

(4) 龚珀茨曲线: $\ln Y = \ln k + ab^X$。

(5) 逻辑斯谛曲线: $\dfrac{1}{Y} = \dfrac{1}{k} + ab^X$。

(6) 变形指数曲线: $Y = k + aX^b$。

在利用动态方程进行预测时,由于不同的数据源所蕴含的系统信息不同,因此采用不同的方程进行预测时所带来的误差不同,为了减小预测误差,有效地选择动态方程,采用上述 6 种动态方程进行预测时的思路如下:

(1) 利用最小二乘法原理,采用上述 6 种曲线方程对现场监测数据进行拟合,得到各方程中的拟合参数;

(2) 计算上述 6 种方程的拟合误差,并进行排序,确定误差最小的方程为本次的预测方程;

(3) 利用确定的预测方程对基坑将要发生的变位和受力进行预测。

8.3.3　动态预报模型

针对本工程所进行的监测项目,采用最能反映基坑稳定性的指标,如地下连续墙体水平位移以及坑内土体的隆起值作为预测对象。

1. 神经网络预测模型

研究中基于基坑工程的特点以及施工情况,以不同深度、不同时刻的墙体变形作为基本时间序列资料。模型建立后,在所有测量数据中,选择一部分样本作为训练样本,另一部分作为检验样本,对网络进行训练和检验。经训练和检验能达到所要求的精度后网络即可投入使用。

1) 输入、输出、隐含层的设计

用历史位移值预测墙体变形,涉及历史数据的长度确定问题。过长的时间段数据不仅增加计算工作量及运行周期,而且对模型的响应性及可预测性均有较大影响。经过大量反复的试算及比较,选用 4＋1 的输入、输出层结构,即用前四步的位移数据去预测下一步的位移。从预测精度、预测工作量、计算机耗时等方面均是合适的。隐含层节点数取 14 个。

    2）神经网络预测

这里拟采用 2006 年 5 月 6 日—2006 年 6 月 3 日的实测数据对网络进行训练,使网络具有较好的泛化能力和适应性,利用学习好的网络对地下连续墙 W5 槽段、W9 槽段在 2006 年 6 月 6 日—2006 年 6 月 26 日内的水平位移值,以及 W15 槽段、W20 槽段在 2006 年 10 月 1 日—2006 年 10 月 16 日的水平位移值,基坑内土体开挖至 $-17\,\mathrm{m}$ 时(6 月 24 日—6 月 30 日)以及开挖至 $-30\,\mathrm{m}$ 时(9 月 9 日—9 月 15 日)的土体隆起值进行预测。

在简历训练样本时,取时间间隔 $\Delta T = 1\,\mathrm{d}$,如果遇到当日没有监测数据时,则用内插法取得,从而保证监测数据系列是等时间间隔。每个深度取前 4 天的数据预测第 5 天的位移。

2. 动态方程预测模型

根据前面所述的动态方程预测理论,利用最小二乘法原理,采用上述 6 种曲线方程对现场监测数据进行拟合,得到各方程中的拟合参数,并采用误差最小的方程为预测方程。W5 槽段、W9 槽段水平位移拟合数据为 2006 年 5 月 6 日—2006 年 6 月 3 日的共计 8 个;W15 槽段、W20 槽段水平位移拟合数据为 2006 年 9 月 1 日—2006 年 9 月 28 日的共计 10 个;土体隆起由于基坑不断开挖,因此能够提供拟合的数据不多,在这里对开挖至 $-17\,\mathrm{m}$ 时采用 2006 年 6 月 19 日—2006 年 6 月 24 日的监测数据进行拟合,对开挖至 $-30\,\mathrm{m}$ 时采用 2006 年 9 月 6 日—2006 年 9 月 8 日的监测数据进行拟合。

3. 时间序列预测模型

根据时间序列理论,时间间隔取 1,AR 的起始阶数,即 n 取 3,增量为 1;MA 的起始阶数,即 m 取 0,增量为 1。墙体水平位移与坑内土体隆起的预测时间与构造预测模型的学习样本与神经网络相同。

8.3.4 不同预测方法的对比分析

根据前面所建立的预测模型,现以坑内 $-17\,\mathrm{m}$ 和 $-30\,\mathrm{m}$ 的土体隆起值以及地下连续墙 $-3\,\mathrm{m}$ 处的 W5,W9,W15,W20 槽段的墙体水平位移值进行预测,并且和实测数据比较进行分析,如图 8-13—图 8-18 所示。

从图 8-13—图 8-18 可以看出,尽管各种预测方法所采用的基础数据是相同的,但是由于各种预测方法的原理存在差异,对系统所蕴涵规律的反映也有所不同,因此,采用单一的预测方法有时候很难真实地预测位移将来的发展,而采用综合的预测方法可以更加合理地判断位移的发展。

为了更加合理地预测围护结构位移的发展,可以将这些预测方法和数值模拟等综合利用,以提高预测的精度。

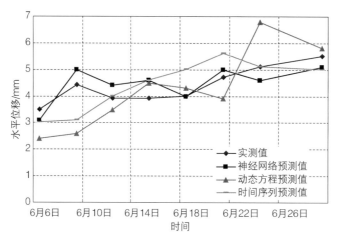

图 8-13 地下连续墙 W5 槽段−3 m 处墙体水平位移实测数据与预测数据对比

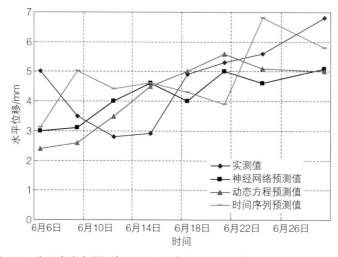

图 8-14 地下连续墙 W9 槽段−3 m 处墙体水平位移实测数据与预测数据对比

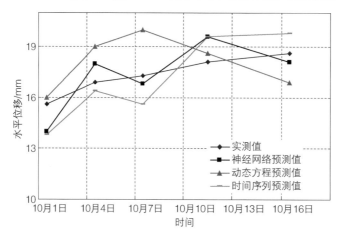

图 8-15 地下连续墙 W15 槽段−3 m 处墙体水平位移实测数据与预测数据对比

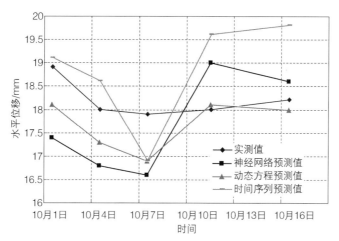

图 8-16　地下连续墙 W20 槽段－3 m 处墙体水平位移实测数据与预测数据对比

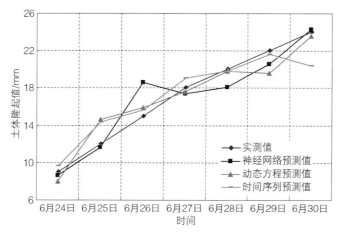

图 8-17　坑内土体(在－17 m 暴露 24 天)隆起实测值与预测值对比

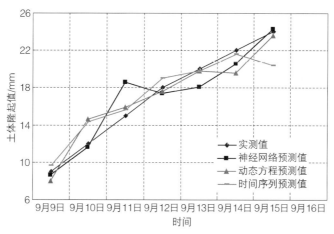

图 8-18　坑内土体(在－30 m 暴露 12 天)隆起实测值与预测值对比

采用神经网络、时间序列、动态方程等三种不同的预测方法,所得到的位移预测值与实际值较为吻合,具有准确、简单的特点,研究表明,在深基坑开挖施工中,可以采用这三种方法综合预测基坑的量测物理量,并根据预测的累计值和速率判定基坑稳定性。

另外,对所采用的三种方法,在应用时,需要注意以下几个方面。

(1) 由于BP网络需要大量的训练样本进行训练,在基坑施工前一段时间的监测数据需要用来训练,所以开始阶段,当训练样本较少时,网络的预测精度可能较低,随着监测数据的累积,不断将其加入训练样本进行训练,所得预测结果的精度就会越来越高,因此,在资料允许的情况下,尽可能增加训练样本。另外,在训练样本中,至少要包含一个以上的工况,使预测结果尽可能接近实际值。

(2) 基坑变形体系是一个复杂的体系。鉴于时间序列为一种数学上的统计方法,其外推时间不能过长。

(3) 动态方程预测中曲线方程的选择很重要,必须选择合适的曲线形式。另外,拟合数据的多少对结果影响也较大,因此在资料允许的情况下,应尽可能增加拟合数据。

(4) 由于基坑变形是一个非常复杂的系统,在实际工程中,可以采用与其他方法如数值模拟等进行相互比较,即采用多种方法的综合预报,以提高预报的可靠性与准确性。

8.4　软土顶管隧道相互影响监控案例分析

本工程案例为上海某两条相邻的顶管隧道工程,主要利用现场监测,确保顶管顶进施工中管道结构的安全性。由于管道Ⅰ顶进作业完成后,在设计净间距仅1.8 m(≈0.67D,远小于上海市原地基基础设计规范规定的最小间距2D,也小于现行规范规定的1D)处平行顶进另一尺寸完全相同的管道,因此有必要在管道Ⅱ顶进时关注管道结构自身的安全保护,并对管道Ⅰ的安全性加强监测,据以鉴别顶进工艺的合理性,以避免管道Ⅱ的顶进作业对管道Ⅰ的安全性造成不良影响。可以看到,开展现场动态监控,对减少施工中的风险,保证顶管工程的施工质量与安全具有重要意义。

8.4.1　工程概况及工程地质

上海市污水治理三期工程,工程编号2.6标,施工采用顶管法。始发工作井位于浦东2号井,设计顶管口底标高为−20.20 m(自然地坪+5.00 m);接收工作井位于浦西1号井,顶管口底标高为−10.00 m(自然地坪+5.10 m)。顶管全线自浦东工作井至浦西工作井水平距离设计值为682.46 m,其中自始发工作井至黄浦江边为直线段,其余为沿黄浦江底的曲线段,平均埋深在黄浦江底以下6~10 m。顶管进出洞周围土层采用旋喷地基加固,设计强度为1.2 MPa。为防止沉井施工对周围建筑的影响,在沉井外侧3 m处SMW采用2ϕ650@450进行加固。

采用F型钢筋混凝土顶管,两平行管道净间距1.8 m,均由内直径为ϕ2 700 mm、管壁厚为250 mm的钢筋混凝土预制管段组成,每节管段长2.5 m。管段混凝土标号C50,配筋为沿纵向内外各布置40ϕ10二级钢筋,环向内环布置ϕ20@100三级钢筋,外环布置ϕ20@100三级钢筋,主筋混凝土保护层厚度为35 mm。

本工程是穿越黄浦江的顶管工程,江水潮汐、江底淤泥的影响以及覆盖层厚度均对顶进施工构成很大的威胁。

工程从上到下土层分布如下:①人工填土层、②黏质粉土层、③$_1$淤泥质粉质黏土层、③$_2$砂质粉土层、③$_3$淤泥质粉质黏土层、④淤泥质黏土层、⑤黏土层、⑥$_1$粉质黏土层、⑥$_2$粉质黏土层、⑦$_1$砂质粉土层、⑦$_2$粉砂夹砂质粉土层、⑧粉质黏土层。

8.4.2 顶管顶进中的关键问题

顶管顶进施工中的安全问题主要体现在以下几个方面。

(1)管道顶进方向的控制。顶管工程通常要穿越一些地面构造物或地下管线。如在管道顶进过程中,顶进方向与设计轴线发生偏差,则可能造成一些难以意料的后果。因此,管道顶进方向的控制是关系施工安全的重要问题之一。

(2)顶进作业的进出洞问题。顶管施工中的进出洞是一项很重要的工作,施工中应充分考虑到它的安全性和可靠性。许多顶管工程的失败,就出现在进出洞口这两个环节上。为使进出洞口工作顺利进行,可对洞口土体进行必要的加固,加固方式有冻结、高压旋喷加固、搅拌桩加固或注浆等方法。

(3)顶进过程中对顶管顶力大小及方向的控制。管道顶进阻力由工作面前壁阻力和管道外壁阻力组成。工程施工中,顶管千斤顶设计顶力不能超过管道混凝土的纵向抗压承载力,因而对长距离推进,有必要尽可能降低顶推过程中遇到的阻力,减小管壁摩阻力的最佳方法是在管段与周围土体之间注浆。而注浆压力与注浆量的控制则要根据现场的监测状况实时掌握才能确保顶管的安全施工。

(4)掌子面土体的稳定性。掌子面土体的稳定性问题与出土量控制和机头正面土压力密切相关,出土太快会使正面产生主动土压力,导致水土流失或正面土体塌方,或临近地下构筑物出现向顶管方向的位移;出土太慢会使正面顶进压力超过原始土压力,使工作机前方"喇叭状"区域的土体受到挤压和产生被动土压力,同样对临近构筑物产生反向位移。此外,出土量太多常常意味着超挖,极易引起管道四周土压力分布不均。

(5)管道与周围土体的稳定性。管道顶进之后,由于周围水土压力的变化可能会使管道或管道接头发生变形失稳。对此可通过在管道接头或外壁埋设土压力盒或孔隙水压力计等仪器,监测管道顶进前后的土压力和孔隙水压力值及其变化规律,及时发现并控制安全隐患。

8.4.3 监测内容及布置方案

主要开展以下的监测。

(1) 管道内力:包括测试管道纵向应力和环向应力。

(2) 接触压力:管道实际承受的水土压力。

(3) 管段接缝纵向变位量测:管道接头处两节管道之间的相对位移。

两条顶管隧道测点布置具体如下所述。

(1) 管道内力与接触压力测试

管道Ⅰ(南线管道)共设 5 个内力监测断面,根据监测要求,设计断面布置参数见图 8-19。断面编号从浦东 2 号工作井出洞口开始依次为 S1, S2, S3, S4 和 S5。S1 断面距浦东 2 号井出洞口约 12.5 m,S5 断面距浦西接收井进洞口约 13.5 m,中间断面等间距布置。对于 2.5 m 长的管段,开始 4 节为特殊管,第 6 节(标记为 #6)为监测管(S5),其余监测断面与管段对应关系为第 71 节(标记为 #71)(S4)、第 136 节(S3)、第 219 节(S2)、第 267 节(标记为 #267)(S1)。监测断面均设在测试管段的中部,每个监测断面均在上、下、左、右四个方位上布置测点,每个测点均在环向和纵向内外层钢筋上各埋设一个传感器,参见图 8-20。每个测点埋设 4 个传感器,每个断面共埋设 16 个传感器。同时,每个断面还埋设 4 个土压力盒(上、下、左、右四个方位上各埋设 1 个),用于监测周围水土或浆液介质对管道施加的接触压力值。管段监测断面既监测本管线顶进施工过程中的安全性,同时也监测管道Ⅱ出洞与顶进施工中对管道Ⅰ的安全性影响。

管道Ⅱ(北线管道)共设 5 个内力监测断面,编号为 N1—N5,位置与管道Ⅰ设计值相同,参见图 8-19。监测断面测量元件布设类型与参数与管道Ⅰ相同,参见图 8-20。

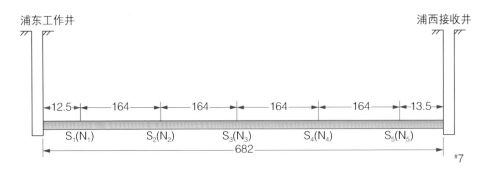

图 8-19 监测断面布置示意图(单位:m)

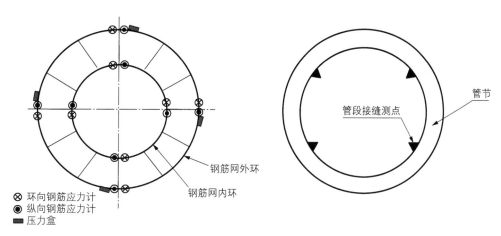

圈8-20 测量元件埋设位置示意图(横断面)　　　圈8-21 管段纵向接缝测点布置示意图

(2) 管段接缝纵向变位量测

管道I布设 22 个接缝监测断面,每 10 环左右布置一个监测断面。典型接缝位移监测断面的测点布置方案示于图 8-21。

8.4.4　北线顶推对南线管道的影响监测分析

鉴于篇幅所限,这里只针对北线顶管顶进时对南线已经推进完的顶管隧道影响进行监测数据分析。

1. 北线顶进中南线管道的纵向轴力

图 8-22—图 8-25 为北线顶推过程中南线管道 $^\#6$、$^\#71$、$^\#136$ 和 $^\#219$ 的实测轴力值随时间而变化的曲线图。

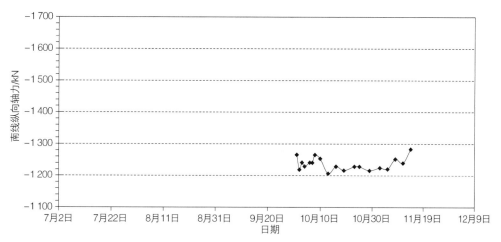

图 8-22　北线顶进中南线 $^\#6$ 纵向轴力时程曲线

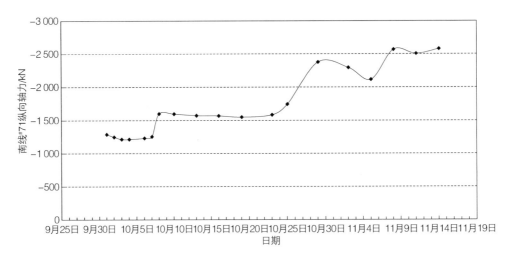

图 8-23　北线顶进中南线#71 纵向轴力时程曲线

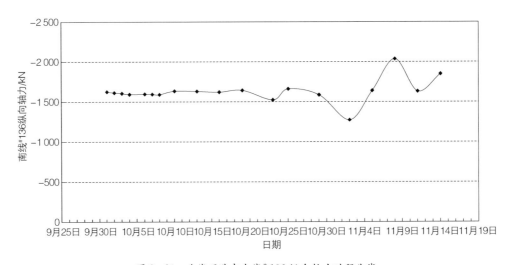

图 8-24　北线顶进中南线#136 纵向轴力时程曲线

由图 8-22 可以看到,北线顶推过程南线#6 的纵向轴力变化在−1 200～−1 280 kN 间浮动,因为南线#6 离北线的顶进机头甚远,对其扰动小,所以浮动范围不大。

由图 8-23 可以看到,南线#71 的纵向轴力北线顶推过程中呈不断增大的趋势,由 10 月 1 日的−1 500 kN 增加至 11 月 17 日的−2 500 kN。

由图 8-24 可以看到,南线#136 的纵向轴力在 10 月 19 日之前一直稳定在−1 600 kN 左右,之后略有波动,峰值在 11 月 8 日达到,为−2 035.81 kN,变化幅度为 400 kN。10 月 18 日北线顶进到 131 环,顶进机头相对应的正是南线#136,所以在 10 月 19 日之后,北线顶进对该断面纵向轴力影响较大。

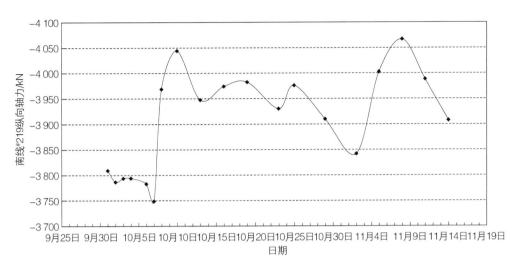

图 8-25 北线顶进中南线#219纵向轴力时程曲线

由图 8-25 可以看到,南线#219 的纵向轴力变化幅度相对较小,在-3 700～-4 100 kN 间浮动。10 月 5 日之后开始有较大浮动,因为在 10 月 8 日北线已经顶进到 48 环,相对应于南线的#219,所以 10 月 5 日之后扰动较大。

2. 北线顶进中南线管道的环向弯矩

图 8-26—图 8-29 为北线顶推过程中南线管道#6、#71、#136 和#219 的实测环向弯矩值随时间而变化的曲线图。

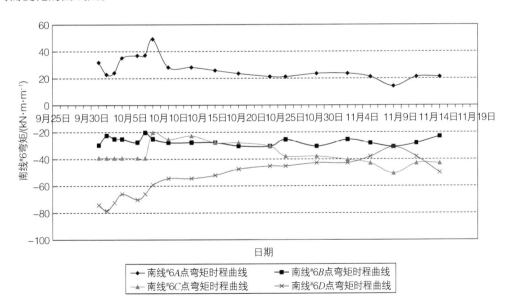

图 8-26 北线顶进中南线#6管道环向弯矩时程曲线

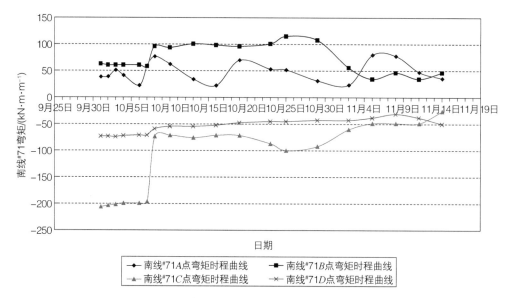

图 8-27 北线顶进中南线 #71 管道环向弯矩时程曲线

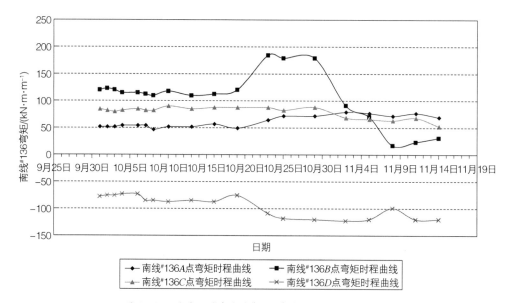

图 8-28 北线顶进中南线 #136 管道环向弯矩时程曲线

由图 8-26 可以看到,北线顶推过程中,南线 #6 断面的 A 点弯矩在北线出洞后初期有些波动,之后曲线趋于平坦,B 点、C 点在整个顶推过程中变化很小。A 点弯矩波动范围 15~50 kN·m/m,B 点弯矩波动范围 −20~−30 kN·m/m,C 点弯矩波动范围 −20~−50 kN·m/m,D 点弯矩波动范围 −30~−80 kN·m/m。

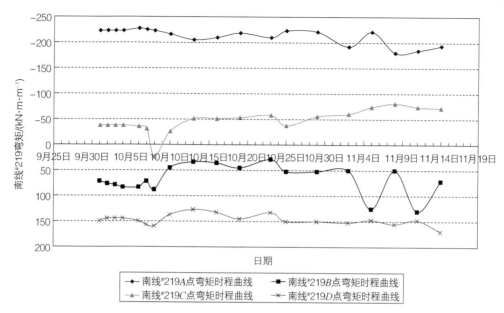

图 8 - 29　北线顶进中南线#219 管道环向弯矩时程曲线

由图 8 - 27 可以看到,北线顶推过程中,南线#71 断面的 A 点、B 点弯矩波动曲线近似正弦曲线状态,最大波动幅度都在 60 kN·m/m 左右。C 点在 10 月 8 日有个相对较大的突变,从 -200 kN·m/m 变化到 -72 kN·m/m,之后变化幅度较小,在 40 kN·m/m 左右;D 点弯矩波动幅度相对较小,在 30 kN·m/m 左右。

由图 8 - 28 可以看到,北线顶推过程中,10 月 19 日之前南线#136 断面的各点弯矩波动幅度小,10 月 19 日之后各点弯矩波动幅度较大,其中 A 点、C 点、D 点变化幅度在 30 kN·m/m 左右,B 点波动幅度相对较大,主要表现在 10 月 30 日之后的急剧下降,最大降幅达 160 kN·m/m。

由图 8 - 29 可以看到,北线顶推过程中,整个过程中都有一定的波动幅度,相比较而言,A 点、C 点和 D 点变化幅度在 40 kN·m/m 左右,B 点波动幅度相对较大,B 点为 100 kN·m/m。

由以上分析可得到如下结论:

(1) 图 8 - 26—图 8 - 29 纵向轴力分析结果可以看到,10 月 19 日至 11 月 8 日各断面纵向轴力波动大,相应的环向弯矩波动也比较大。

(2) 同一断面各点中,靠近北线管道的 B 点波动幅度往往是比较大的。

3. 北线顶进中南线管道的接触压力

图 8 - 30—图 8 - 33 为北线顶推过程中南线管道#6、#71、#136 和#219 的实测接触压力值随时间而变化的曲线图。

由图 8 - 30 可以看到,北线顶进过程中,南线#6 断面各点接触压力波动程度均较小,变化幅度在 0.02 MPa 以内。

由图 8-31 可以看到,北线顶进过程中,同$^\#$6 断面一样,10 月 20 日之前南线$^\#$71 断面各点接触压力几乎没什么变化,10 月 20 日之后有所波动,A 点、C 点变化幅度不如 B 点、D 点大,其中,A 点为 0 MPa,C 点为 0.03 MPa,B 点为 0.09 MPa,D 点除个别异常点外,为 0.04 MPa。

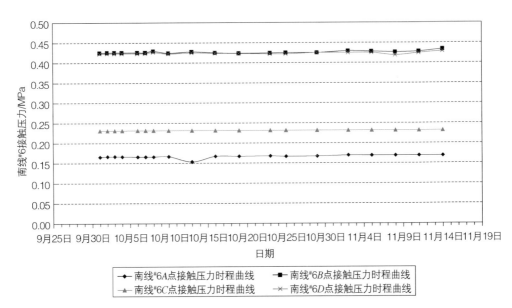

图 8-30　北线顶进中南线$^\#$6 接触压力时程曲线

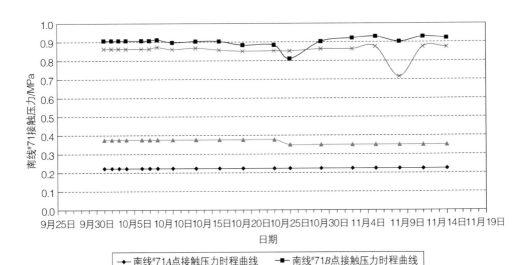

图 8-31　北线顶进中南线$^\#$71 接触压力时程曲线

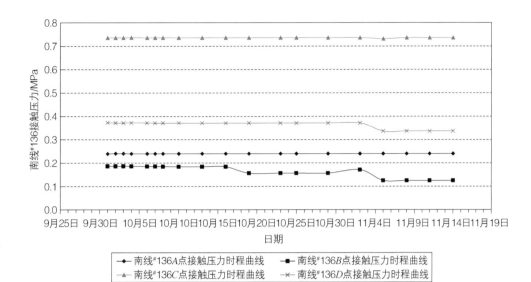

图 8-32 北线顶进中南线[#]136 接触压力时程曲线

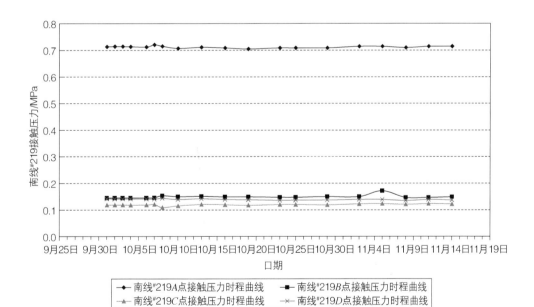

图 8-33 北线顶进中南线[#]219 接触压力时程曲线

由图 8-32 可以看到,北线顶进过程中,11 月 5 日之前南线[#]136 断面各点接触压力几乎没什么变化,11 月 5 日之后有所波动,A 点、C 点波动仍然比较小,B 点波动幅度为 0.04 MPa,D 点波动幅度为 0.03 MPa。

由图 8-33 可以看到,北线顶进过程中,南线[#]219 断面各点接触压力波动程度均较小。

根据以上分析,南线各断面同一断面各点中,南线管道断面的 B 点、D 点接触压力波动幅度往往是比较大的,A 点、C 点变化小甚至为 0。

4. 北线顶进中南线管道的纵向接缝变位

图 8-34—图 8-37 为北线顶推过程中南线$^\#$6、$^\#$57、$^\#$71、$^\#$136 和$^\#$186 的纵向接缝变位随时间(北线机头顶推到关键断面的前 7 环至后 7 环的时间段内)而变化的曲线图。其中,南线$^\#$57 对应于顶进过程中上坡段的起点,南线$^\#$71 也恰好对应于原来南线施工中顶偏了的起始位置,以下探讨南线各断面 A 点、C 点的纵向接缝变位的变化规律。

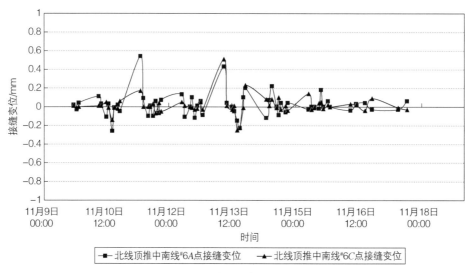

图 8-34　北线顶进中南线$^\#$6 接缝变位时程曲线

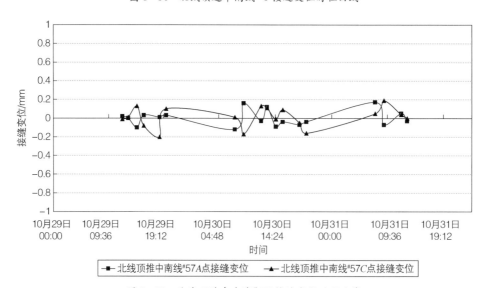

图 8-35　北线顶进中南线$^\#$57 接缝变位时程曲线

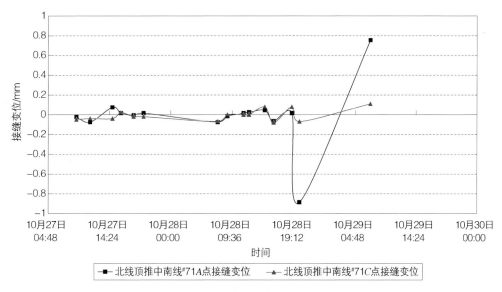

图 8-36 北线顶进中南线#71接缝变位时程曲线

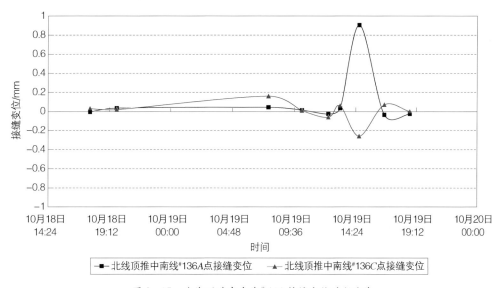

图 8-37 北线顶进中南线#136接缝变位时程曲线

由图 8-34 可以看到,南线#6 的接缝变位随时间正负交错变化,从最大接缝变位来看,A 点的最大接缝正变位(接缝宽度变大)为 0.54 mm,最大接缝负变位(接缝宽度变小)为−0.26 mm,C 点的最大接缝正变位(接缝宽度变大)为 0.51 mm,最大接缝负变位(接缝宽度变小)为−0.25 mm。A 点接缝变位绝对量的平均值为 0.08 mm,C 点为 0.05 mm。从 11 月 9 日到 11 月 17 日这段时间,总共只顶进14节,因为机头遇到不利地质情况中间有一段较长时间的停工,平均顶进速度为1.5节,但是各测点也有比较大的波动,主要与顶管顶进过程中摩阻力较大、摩擦阻力与浆液流失以及已发生一定程度的凝结有关。

由图8-35可以看到,南线#57的接缝变位随时间正负交错变化,从最大接缝变位来看,A点的最大接缝正变位(接缝宽度变大)为0.17 mm,最大接缝负变位(接缝宽度变小)为-0.12 mm,C点的最大接缝正变位(接缝宽度变大)为0.20 mm,最大接缝负变位(接缝宽度变小)为-0.20 mm。A点接缝变位绝对量的平均值为0.07 mm,C点为0.09 mm。从10月29日到10月31日这段时间,平均顶进速度为6节,数据波动不大,接缝变位量值相对较小,主要原因在于注浆作业及顶进工艺比较稳定。

由图8-36可以看到,南线#71的接缝变位随时间正负交错变化,从最大接缝变位来看,A点的最大接缝正变位(接缝宽度变大)为0.75 mm,最大接缝负变位(接缝宽度变小)为-0.89 mm,C点的最大接缝正变位(接缝宽度变大)为0.11 mm,最大接缝负变位(接缝宽度变小)为-0.08 mm。A点接缝变位绝对量的平均值为0.14 mm,C点为0.04 mm。从10月18日到10月19日这段时间,平均顶进速度为6节,各测点除去个别数据波动较大外,接缝变位量值相对较小,注浆作业及顶进工艺比较稳定。

由图8-37可以看到,南线#136的接缝变位随时间正负交错变化,从最大接缝变位来看,A点的最大接缝正变位(接缝宽度变大)为0.90 mm,最大接缝负变位(接缝宽度变小)为-0.04 mm,C点的最大接缝正变位(接缝宽度变大)为0.16 mm,最大接缝负变位(接缝宽度变小)为-0.26 mm。A点接缝变位绝对量的平均值为0.12 mm,C点为0.07 mm。从10月18日到10月19日这段时间,平均顶进速度达到8节,各测点除去个别时间外,接缝变位变化平缓,注浆作业及顶进工艺相对较稳定。

由图8-38可以看到,南线#186的接缝变位随时间正负交错变化,从最大接缝变位来看,A点的最大接缝正变位(接缝宽度变大)为0.57 mm,最大接缝负变位(接缝宽度变小)为-0.32 mm,C点的最大接缝正变位(接缝宽度变大)为0.49 mm,最大接缝负变位(接缝宽度变小)为-0.41 mm。A点接缝变位绝对量的平均值为0.13 mm,C点为0.14 mm。从10月10日到10月13日这段时间,平均顶进速度为8.5节,相对较快,各测点接缝变位均发生明显的增大和减小的现象,注浆作业及顶进工艺不稳定对南线管段接缝变位影响较大。

由以上的现场监测数据分析可以得到如下结论:

(1)北线推进过程中,南线监测断面同一点的变化总是正负交错的。并且无论是A点还是C点,最大接缝正变位总要大于最大接缝负变位的值。

(2)北线推进过程中,多数情况下A点接缝变位绝对量要大于C点,所以北线顶推对南线管段上靠近北线的A点影响较大。

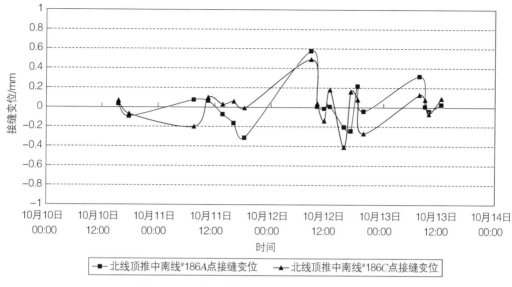

图 8-38　北线顶进中南线#186接缝变位时程曲线

（3）北线推进过程中,顶进速度、注浆作业及顶进工艺对南线管段的接缝变位影响较大。

（4）从各监测量比较而言,接缝变位的影响比较敏感,最能反映实际的影响情况。

8.5　岩石公路隧道穿越民房的监控案例分析

本案例是采用矿山法修建公路隧道并穿越多栋民用建筑的工程。通过民用建筑及隧道施工监控,及时判断围岩和衬砌结构是否稳定,减小隧道施工对周围环境的影响,尤其对山顶居民的生活影响降低到最小程度。

8.5.1　工程概况

福建省南平市天台隧道为南平市内环路道路改造工程的组成内容,该隧道位于进步路与三元路之间,全长约210 m。隧道附近地表呈剥蚀丘地貌形态,经过地段地面最大高程为157.22 mm,最低为109.68 m,相对高差约47 m。该地势较陡,进出口处有少量坡积土,边坡坡度33°~45°;余为陡坡,最大坡度约达70°。

本地段山体岩性为二叠系翠屏山组粉砂岩、砂岩及泥岩。由于长期经过侵蚀、剥蚀及风化作用,山体表面已形成厚度不一的风化壳。隧道场区原有地表基本为第四系残积土覆盖,厚度不大,一般在6.0 m左右,由粉砂岩风化而成,呈黄色、浅黄色,稍湿,坚硬到硬塑,母岩结构清晰,手捏即散。表层以下的岩土主要为泥质粉砂强风化岩,呈黄色、紫红色,节理裂隙发育,岩心破碎呈碎块状,手掰可断,多夹泥岩夹层,质软,采取率很低。

该隧道工程从2000年1月1日开始试验开挖,7月13日隧道安全、顺利贯通,8月31日隧道二次衬砌浇筑结束。

坡顶为一居住区,洞顶地表已在大致整平后用于建设居民住宅,其中2栋7层和2栋8层职工住宅楼直接位于隧道上方,结构类型为砖混和框架结构,基础为条形基础,建造年代为20世纪90年代初。房屋地基为与山体岩性相同的风化基岩,但覆盖层厚度较薄,基底至洞顶外缘距离仅为26~35 m。自坡底到坡顶有一水泥路,区内地表水主要为生活污水和大气降水,均顺沿公路水沟向坡底排泄。地下水以基岩裂隙水为主,地表残积土中的孔隙水,水量相对较少。图8-39为修建好的隧道进出洞及坡顶民居建筑分布。

图8-39 福建南平市天台隧道进出口图

可见,通过对本工程现场监控,对围岩和地表的位移量和位移速率确定报警值,随时注意将实测位移量和位移速率值与警戒值对比,据以确保隧道施工自身的安全性,并使地表民用房屋受到的影响减小到最小程度。

8.5.2 监控内容及量测布置

根据监控测点的设置原则以及现场施工监测的主要控制指标,隧道施工期间的监测内容分为地表沉降观测、坡顶建筑物倾斜观测、隧道拱顶下沉观测、隧道净空收敛观测、围岩位移观测、初始锚喷支护内力观测、格栅拱架内力观测和二次衬砌内力观测。根据围岩力学响应的基本特征以及坡顶建筑物的实际分布情况,坡顶地表沉降测点布设如图8-40所示;典型围岩径向位移的多点位移计监测断面测点布置详图见图8-41;隧道初始锚喷支护内力监测断面见图8-42;隧道拱顶下沉测点与隧道净空收敛测点布置在隧道的同一个横断面上,并沿隧道纵向每间隔10 m布置一个量测断面。

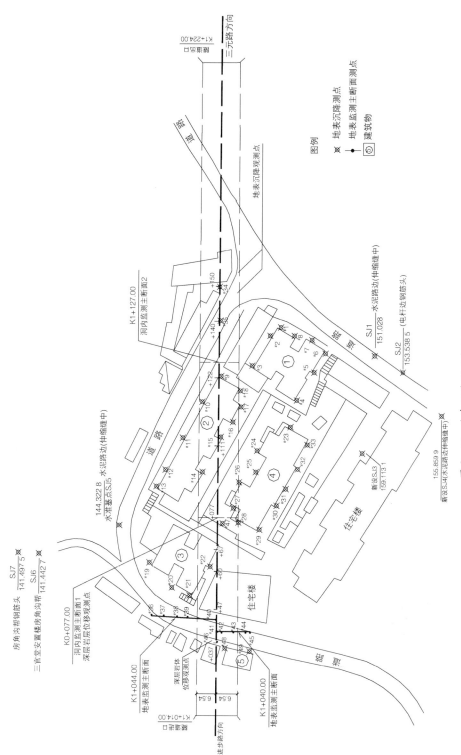

图 8 - 40 地表沉降测点布置总平面图

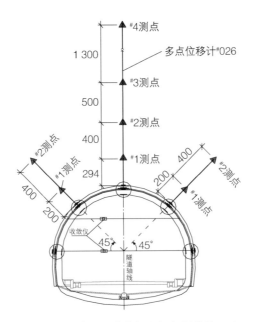

图 8-41 多点位移计断面布置图(单位:cm)

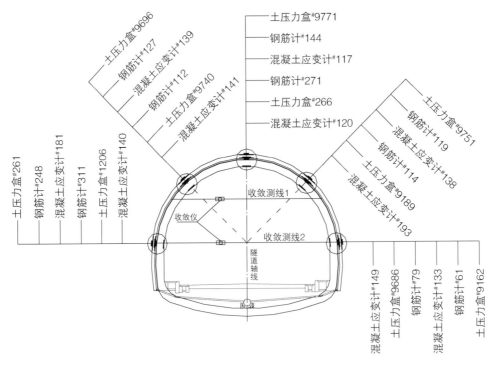

图 8-42 隧道支护结构内力量测断面布置图

8.5.3 现场监控数据分析

结合该工程在开挖过程中对周围环境的影响,根据监控的内容,将监测数据归类为地表沉降、建筑物沉降和倾斜、隧道拱顶下沉、隧道净空收敛、衬砌结构上的土压力、衬砌结构的混凝土应变、初衬格栅拱钢筋内力和围岩多点位移响应等 8 个小项。这里所有关于隧道横断面的视图方向均由三元路洞口至进步路洞口方向,即由设计桩号 K1＋224 至 K1＋014 方向。由于涉及大量的监控数据,这里仅对典型的变形类监测数据进行分析。

1. 地表沉降

图 8-43 为桩号 K1＋040 处地表沉降控制断面的时空关系曲线,其沉降速率的时空关系曲线如图 8-44 所示。可以看出,该地段受地表局部集中荷载的影响比较严重,以致在测点 #39 和测点 #43 处沉降量和沉降速率发生突变,而在隧道中线正上方测点 #40 的沉降量和沉降速率变化平缓,并趋向稳定,其中 5 月 25 日的量测数值分别是 3.8 mm 和 0.07 mm/d;随着时间的发展,该断面各测点的沉降趋向稳定状态,各测点的沉降速率趋向零值。隧道正上方的地表统计数值在 8 月 20 日分别为 6.0 mm 和 0.002 mm/d。以上数值有力地说明隧道围岩在开挖初期变化剧烈,随后,隧道衬砌的有效支护作用增强了围岩的自稳能力,围岩内部应力重分布明显地减小了地层局部应力集中现象。

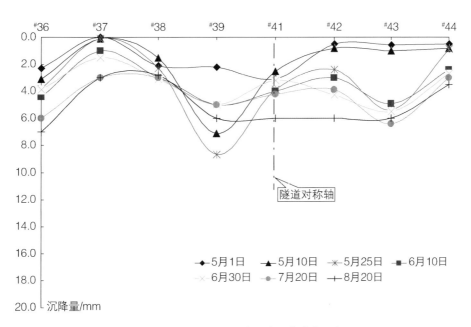

图 8-43   K1＋040 地表沉降时空关系曲线

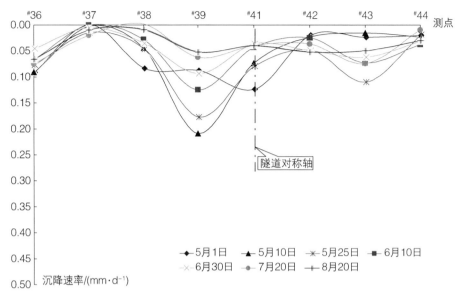

图 8-44　K1+040 地表沉降速率的时空关系曲线

2. 地表房屋沉降

图 8-45 和图 8-46 为隧道正上方 2 号住宅楼的基础沉降时空关系曲线。由于隧道沿测点#9 和#17 正下方穿过,因此房屋基础将产生不均匀沉降。这两幅图直观地表现出各测点的沉降量随着远离中轴线而呈递减趋势,即沿房屋纵向测点#9、#10、#11、#12、#13 以及测点#18、#17、

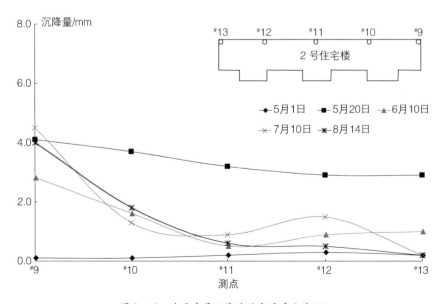

图 8-45　地面房屋沉降的时空关系曲线(1)

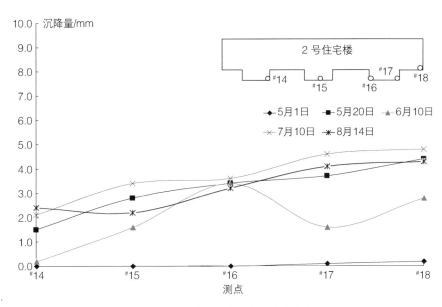

图8-46 地面房屋沉降的时空关系曲线(2)

$^\#16$、$^\#15$、$^\#14$的沉降量依次递减。截至8月14日,$^\#9$测点与$^\#13$测点的累计沉降差为2.94 mm,$^\#18$测点与$^\#14$测点的累计沉降差为2.56 mm;房屋的横向累计沉降差则分别为0.405 mm($^\#9$测点与$^\#18$测点)、0.18 mm($^\#10$测点与$^\#16$测点)、0.21 mm($^\#11$测点与$^\#15$测点)和0.19 mm($^\#12$测点与$^\#14$测点)。经现场实测,2号住宅楼长41.5 m、宽10.45 m,由此可计算出该房屋基础的最大局部倾斜为0.039‰,小于工业与民用建筑物地基变形的允许值4‰。

图8-47和图8-48为2号住宅楼基础沉降观测点$^\#10$和$^\#17$的沉降量与时间关系曲线。从基础沉降随时间变化趋势上看,当隧道开挖面接近该房屋的正下方时(5月18日),地面各测点沉降明显增大,随后各测点沉降速率趋于平缓(5月25日)。截至8月14日,以上各测点的沉降量基本上保持在5月25日沉降量的水平上,在隧道二次衬砌发挥作用后呈稳定收敛趋势。

3. 隧道拱顶下沉及净空收敛

在现场开展了大量的隧道拱顶沉降监测,总体表明由于隧道二次衬砌等后续工况的影响,拱顶沉降数据受到时间和空间位置的限制,反映了隧道施工过程中初始锚喷支护结构随掌子面移动的动态位移响应特征。另外发现,隧道拱顶下沉幅度最大的时间是发生在隧道开挖的初期,当隧道初始锚喷支护结构完成并发挥作用后,隧道拱顶的下沉便趋向稳定状态。

从时间关系上看,隧道净空收敛在围岩较好或初始锚喷支护加强地段主要是隧道掌子面开挖初期所产生的变形量;在围岩较差和断裂破碎地段,隧道净空收敛则随着时间的发展具有持续变形的趋势,并基本上在初始锚喷支护发挥作用后趋向稳定状态。从空间关系上看,隧道初衬净空收敛值远大于二衬净空收敛值,隧道净空收敛值的大小主要受到围岩局部地质构造条件、掌子面施工扰

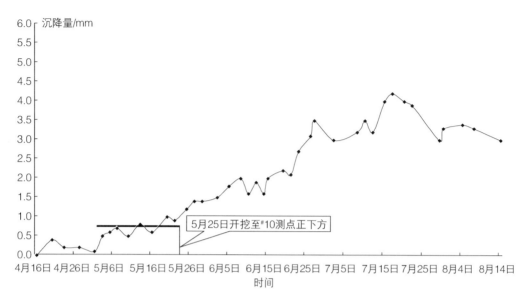

图 8-47 ＃10 测点沉降-时间关系曲线

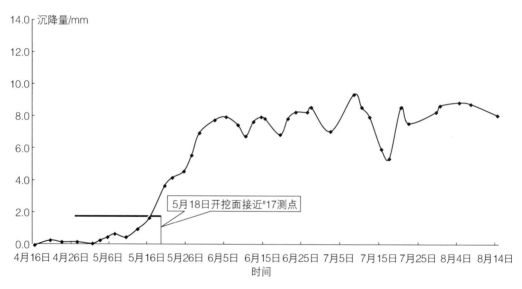

图 8-48 ＃17 测点沉降-时间关系曲线

动和初始锚喷支护的影响。

另外,隧道净空收敛速率距离开挖工作面越近,收敛曲线波动越大,但随着时间的发展均呈递减趋势;在距离开挖工作面超过 2.5 倍洞径时,隧道净空收敛基本上趋向稳定状态。隧道二衬净空收敛与时间的关系曲线实证了初始锚喷支护在施工阶段保证围岩稳定、安全施工方面具有至关重要的作用;随着时间的增长,二次衬砌的净空收敛稍有增加,对于围岩较差的地层,二次衬砌具有不可替代的安全稳定作用,其后期的强度储备将随着时间的持续发展而逐渐表现出来。

4. 隧道围岩多点位移

图 8-49 表示隧道拱顶正上方围岩沿铅垂方向的多点位移与时间的关系曲线,由图可见,在整个监测时间段内,#1 测点基本上保持在 5.2 mm 的位移水平上,并随着时间的推移,该测点的位移稍有下降;#2 测点则表现为缓慢增大的发展态势,其位移量由 5 月 9 日的 10.7 mm 上升到 10 月 1 日的 14.5 mm;#3 测点的位移响应表现为停滞状态,其位移量由 5 月 9 日的 8.5 mm 上升到 10 月 1 日的 9.2 mm;而接近地表的 #4 测点与接近隧道拱顶的 #1 测点具有相似的位移响应态势,其位移量由 5 月 9 日的 8.0 mm 下降到 10 月 1 日的 6.0 mm。由以上 4 个测点的位移沉降规律可以初步推断出该断面隧道拱顶正上方围岩松动区的最高点在 #2 测点附近。

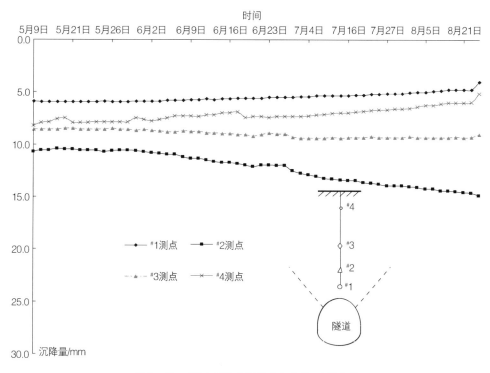

图 8-49　K1+077.4 围岩多点位移-时间曲线

通过对以上实测数据的直观分析,可以初步确定出 K1+077.4 横断面围岩在隧道上方 45°范围内松动区的轮廓线,其中沿拱圈左 45°方向上围岩松动区的最远点在 #1 测点附近,而在拱圈右 45°方向上围岩还没有产生松动区域。由此可以认为 K1+077.4 横断面围岩在隧道上方仅产生一个椭圆形松动区,其椭圆形轮廓线的长半轴方向介于隧道拱圈左 45°方向与拱顶铅垂方向之间。显然,从围岩变形的角度又一次实证了该断面处于偏压受力状态。

参 考 文 献

[1] Alefeld G, Claudio D. The basic properties of interval arithmetic, its software realizations and some applications [J]. Computers & Structures, 1998,67(1 - 3):3 - 8.

[2] Cividini A, Maier G. Parameter estimation of a static geotechnical model using a Baye's approach [J]. International Journal of Rock Mechanics and Mining Sciences & Geomechanics Abstracts, 1983,20(5):215 - 226.

[3] Eykhoff P. System identification: parameter and state estimation [M]. Wiley-Interscience, 1974.

[4] Feng Z L, Lewis R W. Optimal estimation of in-situ ground stresses from displacement measurement [J]. International Journal for Numerical and Analytical Methods in Geomechanics, 1987, 11(4):391 - 408.

[5] Gioda G, Marier G. Direct search solution of inverse problem in elasto-plasticity: Identification of cohesion, friction angle and in situ stress by pressure tunnel tests [J]. Int. J. Num Meth. in Engng, 1980,15(12):1823 - 1848.

[6] Gioda G, Sakurai S. Back analysis procedures for the interpretation of field measurements in geomechanics [J]. Int. J. for Num. and Anal. Meth. in Geomech. 1987,11(6):555 - 583.

[7] Glaser S D, Doolin D M. New directions in rock mechanics — report on a forum sponsored by the American Rock Mechanics Association [J]. Int. J. of Rock Mechanics and Mining Science, 2000,37(4):683 - 698.

[8] Hechi-Nielsen R. Theory of the back propagation neural network [C]. Proc. Of IJCNN, 1989,(1):593 -605.

[9] Huang H W, Hicher P Y, Wei L, et al. Deformation prediction considering time and space effects in excavation engineering [C]. Proc. 5th European Conference Numerical Methods in Geotechnical Engineering, Mestat (ed.), Presses de I'ENPC/LCPC, Paris, 2002 (2): 641 - 647.

[10] Huang H W, Hicher P Y, Zhang D M. Settlement prediction on an operated immersed tube tunnel [C]// North American Tunneling Conference 2002, Seattle, Washington, 2002:351 - 354.

[11] Huang H W, Yang L D, Xu L, et al. The monitoring for the effect of pipe jacking on another closer tunnel [M]// Sijing W, Bingjun F, Zhongkui L. Frontiers of Rock Mechanics and Sustainable Development in the 21st Century. Rotterdam: A. A. Balkema , 2001:419 - 422.

[12] Huang H W, Zhang D M, Hicher P Y. Long-term settlement prediction over Shanghai metro

tunnels [C]. Proc. of 16th Int. Conf. on Soil Mechanics and Geotechnical Engineering, Millpress, 2005:1045 - 1052.

[13] Huang H W. The monitoring for the effect of pipe jacking on another closer tunnel [C]. ISRM Int. Symp. 11 - 14. Rotterdam: A. A. Balkema, 2001:419 - 422.

[14] Huang Hongwei, Riou Y, Chappaz J, et al. Behavior analysis of diaphragm wall in a deep excavation engineering[C]. Proc. of 3rd Inter. Symp. on Geotech. Aspects of Underground Construction on Soft Ground, Kastner (ed.), (IS-Toulouse), Toulous: 4th Session, 2002: 1 - 6.

[15] Huang Hongwei, Zang Xiaolong, Hicher P Y, et al. 3D influence analysis of pipe jacking on an existing adjacent tube [C]. Proc. of 3rd Inter. Symp. on Geotech. Aspects of Underground Construction on Soft Ground, Kastner (ed.), (IS-Toulouse), Toulous: 6th Session, 2002:1 - 6.

[16] Huang Hongwei. Reliability prediction around openings in rock engineering [J]. Safety and environmental issues in rock engineering, 1993, (1):129 - 134.

[17] Huang Hongwei. System nonlinear feedback analysis in foundation pit [C]// Proc. of Int. Symp. on Rock Mechanics and Environmental Geotechnology. Chongqing: Chongqing University Press, 1997,316 - 322.

[18] Kennedy J, Eberhart R. Particle Swarm Optimization [J]. IEEE Int. Conf. on NN, 1995, (4):1942 - 1948.

[19] Kowalczyk T, Furukawa T, Yoshimura S, et al. An extensible evolutionary algorithm approach for inverse problems [J]// Tanaka M, Dulikravich G S. Int. Sym. On Inverse Problems in Engineering Mechanics. Elsevier Science, 1998:541 - 550.

[20] Lin X, Huang H W. Time effects in rock-support interaction: a case study in the construction of two road tunnels [J]. International Journal of Rock Mechanics and Mining Sciences, V41, Special Issue, 2004,1(3):540.

[21] Macchi G. Monitoring medieval structures in Pavia[J]. Structual Engineering International, 1993,3(1):6 - 9.

[22] Maniezzo V. Genetic evolution of the topology and weight distribution of neural networks [J]. IEEE Trans. on NN, 1994,5(1):39 - 53.

[23] Marco Dorigo, Eric Bonabeau, Guy Theraulaz. Ant algorithms and stigmergy [J]. Future Generation Computer Systems, 2000, (16):851 - 871.

[24] Michalewicz Z. Genetic algorithms + data structure = evolution programs [M]. New York: Spinger-Verlag, 1996.

[25] Rumelhart D E, Mcclelland J L. The PDP research group parallel distributed processing — volume1: Foundations [M]. Cambridge: MIT Press, 1986.

[26] Sakurai S, Takeuchi K. Back analysis of measured displacements of tunnels [J]. Rock Mechanics and Rock Engineering, 1983,16(3):173 - 180.

[27] Sorenson H W. Parameter estimation principles and problems [M]. New York: Marcel

Dekker, 1980.

[28] Sun Jun, Huang Hong Wei. An optimization method for elasto-plastic inversion of parameters in rock mechanics [J]. Chinese Journal of Rock Mechanics and Engineering, 1995,14(Supp): 394 – 400.

[29] Yao Xin, Liu Yong. A new evolutionary system for evolving artificial neural networks [J]. IEEE Trans. on NN, 1997,8(3):694 – 713.

[30] Yao Xin. Evolving artificial neural networks [J]. Proceedings of the IEEE, 1999,87(9): 1423 – 1447.

[31] Youshimura H, Yuki T, Yamada Y, et al. Analysis and monitoring of the Miyana railway tunnel constructed using the New Austrian tunnelling method [J]. Int. J. Rock. Min. Sci. & Geomech. Abstr, 1986,23(1): 67 – 75.

[32] 白海玲,黄崇福.自然灾害的模糊风险[J].自然灾害学报,2000,9(1):47 – 53.

[33] 蔡美峰,来兴平,李长洪.非线性地下岩土结构与工程安全监控新理论[J].金属矿山,2000, 293(11):4 – 6,43.

[34] 常学将,陈敏,王明生.时间序列分析[M].北京:高等教育出版社,1993.

[35] 邓修甫,高文华.基坑围护结构及周围环境变形的预测[J].中国安全科学学报,2004,14(3): 23 – 25.

[36] 丁德馨.弹塑性位移反分析的智能化方法及其在地下工程中的应用[D].上海:同济大学,2000.

[37] 冯夏庭.智能岩石力学导论[M].北京:科学出版社,2000.

[38] 高玮.岩土工程反分析的计算智能研究[D].重庆:后勤工程学院,2001.

[39] 高玮,冯夏庭,郑颖人.地下工程围岩参数反演的仿生算法及其工程应用研究[J].岩石力学与工程学报,2002,21(A02):2521 – 2526.

[40] 高玮,郑颖人.岩土力学反分析及其集成智能研究[J].岩土力学,2001,22(1):114 – 116.

[41] 高玮,郑颖人.一种新的岩土工程进化反分析算法[J].岩石力学与工程学报,2003,22(2): 192 – 196.

[42] 高玮,郑颖人.蚁群算法及其在硐群施工优化中的应用[J].岩石力学与工程学报,2002,21(4):471 – 474.

[43] 国家标准局.GB 4883—85 数据的统计处理和解释正态样本异常值的判断和处理[S].北京:中国标准出版社,1996.

[44] 郝哲,王晓初,罗敖,等.韩家岭隧道监测数据的时序分析方法[J].地下空间,2004,24(4): 483 – 488.

[45] 何述东,瞿坦,黄献青,等.多层前向神经网络结构的研究进展[J].控制理论与应用,1998,15(3):313 – 319.

[46] 侯学渊,杨敏.软土地基变形控制设计理论和工程实践[M].上海:同济大学出版社,1996.

[47] 胡小荣,唐春安.岩石力学参数随机场的空间变异性分析及单元体力学参数赋值研究[J].岩石力学与工程学报,2000,19(1):59 – 63.

[48] 黄崇福,王家鼎.模糊信息优化处理技术及其应用[M].北京:北京航空航天大学出版

社,1995.

[49] 黄宏伟.城市隧道与地下工程的发展与展望[J].地下空间,2001,21(4):311-317.

[50] 黄宏伟.深基坑围护结构的动态稳定性数学分析[J].应用基础与工程科学学报,2000,8(1):
84-88.

[51] 黄宏伟.岩土工程中位移量测的随机逆反分析[J].岩土工程学报,1995,17(2):36-41.

[52] 黄宏伟,孙钧.基于 Bayesian 广义参数反分析[J].岩石力学与工程学报,1994,13(3):219-228.

[53] 黄宏伟,杨志锡,徐凌,等.福建南平城市公路隧道的监测与分析研究[C]//中国岩石力学与
工程学会第七次学术大会论文集.北京:中国科学技术出版社,2002:499-502.

[54] 黄宏伟,张冬梅.盾构隧道施工引起的地表沉降及现场监控[J].岩石力学与工程学报,2001,
20(S1):1814-1821.

[55] 黄宏伟,支国华.基坑围护结构系统的性态及其状态变量[J].岩土力学,1997,18(3):7-12.

[56] 黄润秋.正确的思维方式是学科发展的源泉[J].岩石力学与工程学报,1994,13(3):
283-287.

[57] 黄修云,曹国安,张清.人工神经元网络在地下工程预测中的应用[J].北方交通大学学报,
1998,22(1):39-43.

[58] 黄炎.弹性薄板理论[M].北京:国防科技大学出版社,1992.

[59] 蒋树屏.扩张卡尔曼滤波器有限元法耦合算法及其隧道工程应用[J].岩土工程学报,1996,
18(4):11-19.

[60] 康立山,谢云,尤矢勇,等.非数值并行算法(1)——模拟退火算法[M].北京:科学出版
社,1995.

[61] 康宁.东港隧道的施工监控[J].岩石力学与工程学报,1998,17(2):140-147.

[62] 李兵,蒋慰孙.混沌优化方法及其应用[J].控制理论与应用,1997,14(4):613-615.

[63] 李世辉.隧道围岩稳定分析与科学方法论问题[J].岩石力学与工程学报,1988,7(3):
284-289.

[64] 李世辉.隧道围岩稳定系统分析[M].北京:中国铁道出版社,1991.

[65] 廖少明,侯学渊.盾构法隧道信息化施工控制[J].同济大学学报(自然科学版),2002,30
(11):1305-1310.

[66] 林育梁,樱井春铺.应用模糊有限元法的一种反分析形式[J].岩土工程学报,1995,17(5):
48-55.

[67] 刘保国.岩体粘弹、粘塑性本构模型辨识及工程应用[D].上海:同济大学,1997.

[68] 刘怀恒.地下工程位移反分析——原理、应用及发展[J].西安科技大学学报,1988,8(3):
1-10.

[69] 刘建航,侯学渊.基坑工程手册[M].北京:中国建筑工业出版社,1997.

[70] 刘建航.基坑工程时空效应理论与实践[R].上海:上海市地铁总公司,同济大学,1998.

[71] 刘世君,徐卫亚,王红春.不确定性岩石力学参数的区间反分析[J].岩石力学与工程学报,
2004,23(6):885-888.

[72] 刘维宁.逆问题的信息理论及其在岩土工程中的应用[D].成都:西南交通大学,1991.

[73] 刘维宁.岩土工程反分析方法的信息论研究[J].岩石力学与工程学报,1993,12(3):193-

205.

[74] 刘维宁,张弥,邝明. 城市地下工程环境影响的控制理论及其应用[J]. 土木工程学报,1997,
30(5):66 - 76.

[75] 刘维倩,黄光远,穆永科,等. 岩土工程中的位移反分析法[J]. 计算力学学报,1995,12(1):
93 - 101.

[76] 刘行. 论信息化施工技术[J]. 施工技术,2001,30(12):1 - 4.

[77] 刘雄. 光纤传感技术在岩土力学与工程中的应用研究[J]. 岩石力学与工程学报,1999,18
(5):588 - 591.

[78] 刘勇,曹先彬,王煦法. 基于 GP 的神经网络学习规则的发现[J]. 计算机工程与应用,2000,36
(11):68 - 69.

[79] 刘元雪,郑颖人. 光纤检测技术及其应用于岩土工程的关键问题研究[J]. 岩石力学与工程学
报,1999,18(5):585 - 587.

[80] 刘新宇,任意形状洞室的围岩流变参数反分析[J]. 工程兵工程学院学报,1986,3:55 - 64.

[81] 楼晓明. 用弹性地基梁法计算围护结构的理论和实践[M]//侯学渊,杨敏. 软土地基变形控
制设计理论和工程实践. 上海:同济大学出版社,1996.

[82] 陆培炎,熊面珍,杨光华,等. 高层建筑深基坑开挖中的土、桩(墙)共同作用的分析计算
[M]//高层建筑与桥梁基础工程学术会议论文集. 广州:广东省岩石力学与工程学会,1989.

[83] 吕爱钟,蒋斌松. 岩石力学反问题[M]. 北京:煤炭工业出版社,1998.

[84] 马水山,王志旺,李端有,等. 光纤传感器及其在岩土工程中的应用[J]. 岩石力学与工程学
报,2001,20(增):1692 - 1694.

[85] 牟瑞芳. 论隧道工程围岩稳定性及其可控制性[J]. 铁道学报,1996,18(4):82 - 88.

[86] Nello Cristianini, John Shawe-Taylor. 支持向量机导论[M]. 李国正,王猛,曾华军,译. 北京:
电子工业出版社,2004.

[87] 尼科里斯 G,普利高津 I. 探索复杂性[M]. 3 版. 罗久里,陈奎宁,译. 成都:四川教育出版
社,2010.

[88] 松尾稔. 地盘工学—信赖性设计の理念と实际[J]. (东京)技报堂,1984:332 - 341.

[89] 孙钧. 世纪之交岩石力学研究的若干进展[M]//第六届全国岩土力学数值分析与解析方法
讨论会文集. 广州:广东科技出版社,1998:1 - 15.

[90] 孙钧,蒋树屏,袁勇,等. 岩土力学反演问题的随机理论与方法[M]. 汕头:汕头大学出版
社,1996.

[91] 孙钧,袁金荣. 盾构施工扰动与地层移动及其智能神经网络预测[J]. 岩土工程学报,2001,23
(3):261 - 267.

[92] 孙钧,赵其华,熊孝波. 润扬长江公路大桥北锚碇基础施工变形的智能预测——工程实录研
究(上)[J]. 上海建设科技,2003(5):14 - 17.

[93] 唐孟雄. 高层建筑与承重地下连续墙及桩箱(筏)基础共同作用研究[D]. 上海:同济大
学,1996.

[94] 王建宇. 隧道工程监测和信息化设计原理[M]. 北京:中国铁道出版社,1990.

[95] 王磊. 免疫进化计算理论及其应用[D]. 西安:西安电子科技大学,2001.

[96] 王玲玲,刘汉东,谢英.深基坑变形的灰色预测模型[J].华北水利水电学院学报,1999,20(3):41-43.

[97] 王振龙.时间序列分析[M].北京:中国统计出版社,2000.

[98] 王芝银,李云鹏.地下工程位移反分析法及程序[M].西安:陕西科学技术出版社,1993.

[99] 王芝银,杨志法,王思敬.岩石力学位移反演分析回顾及进展[J].力学进展,1998,28(4):488-498.

[100] 魏磊,黄宏伟.深基坑开挖过程中地下连续墙侧向位移预报分析[J].建筑结构,1999(5):42-45.

[101] 吴家龙.弹性力学[M].上海:同济大学出版社,1987.

[102] 吴江滨,张顶立,王梦恕.增量法和总量法在深基坑支护结构中的应用[J].西部探矿工程,2003,84(5):1-4.

[103] Sakurai H.新奥法量测[J].周增富,译.岩石力学,1994,(3):59-69.

[104] Sakurai H.新奥法量测[J].周增富,译.岩石力学,1994,(1):53-61.

[105] 熊祚森,黄宏伟,杨林德,等.基坑围护结构系统动态模式反演分析[J].工程力学,1998,增刊:457-461.

[106] 徐日庆,龚晓南,王明洋,等.黏弹性本构模型的识别与变形预报[J].水利学报,1998(4):75-80.

[107] 薛琳.岩体黏弹性力学模型的判定定理与应用[J].岩土工程学报,1994,16(5):1-10.

[108] 杨光华.层状弹性地基中板桩墙、梁和土的共同作用计算程序及使用说明[R].广东省水科所报告,1988.

[109] 杨光华,陆培炎.深基坑开挖中多撑或多锚式地下连续墙的增量计算法[J].建筑结构,1994(8):28-31,47.

[110] 杨林德.岩土工程问题的反演理论与工程实践[M].北京:科学出版社,1995.

[111] 杨位钦,顾岚.时间序列分析与动态数据建模[M].北京:北京工业学院出版社,1986.

[112] 杨志法,刘竹华.位移反分析法在地下工程设计中的初步应用[J].地下工程,1981(2):9-13.

[113] 冶金工业部.GBJ 86—85 锚杆喷射混凝土支护技术规范[S].北京:中国计划出版社,1985.

[114] 袁嘉根.灰色系统理论及其应用[M].北京:科学出版社,1991.

[115] 袁金荣.地下工程施工变形的智能预测与控制[D].上海:同济大学,2001.

[116] 袁金荣,赵福勇.基坑变形预测的时间序列分析[J].土木工程学报,2001,34(6):55-59.

[117] 袁勇,孙钧.岩体本构模型反演识别理论及其工程应用[J].岩石力学与工程学报,1993,12(3):232-239.

[118] 袁勇,孙钧.岩体工程优化反演的目标函数[J].岩石力学与工程学报,1994,13(2):29-37.

[119] 袁勇.围岩弹塑性参数反算的极大似然法[J].工程勘察,1991,(5):5-7.

[120] 袁曾任.人工神经元网络及其应用[M].北京:清华大学出版社,1999.

[121] 张伟丽,陈爱云,李霞.灰色系统理论在基坑变形预测中的应用[J].莱阳农学院学报,2003,20(1):60-61.

[122] 赵洪波.非线性岩土力学行为的支持向量机研究[D].武汉:中国科学院武汉岩土所,2003.

[123] 朱维申,朱家桥,代冠一,等.考虑时空效应的地下洞室变形观测及反分析[J].岩石力学与工程学报,1989,8(4):346-353.

[124] 朱永全.隧道施工监测数据时间序列组台模型分析[M]//第三界全国岩石力学青年研讨会论文集.成都:西南交通大学出版社,1995.

[125] 朱永全,景诗庭,张清.隧道支护结构荷载作用的随机反演[J].岩土力学,1996,17(2):57-63.

[126] 朱永全,景诗庭,张清.围岩参数 Monte-Carlo 有限元反分析[J].岩土力学,1995,16(3):29-34.

[127] 邹健.智能预测控制及其应用研究[D].杭州:浙江大学,2002.